今日から
モノ知り
シリーズ

トコトンやさしい

機械材料の本

第2版

機械を設計するには、機械材料の特性をしっかり理解することが大切。選定した材料を適用した機械が、十分な性能を発揮して問題なく機能する必要がある。本書では、社会ニーズに応じた新しい材料の動向も含めて、その基本をやさしく解説する。

Net−P.E.Jp 編著　横田川 昌浩・江口 雅章・藤田 政利 著

B&Tブックス
日刊工業新聞社

はじめに

インターネット上で知り合った数名の機械部門技術士が集まって、『Net-P.E.Jp』専用のサイトを２００３年６月に開設（https://netpejp.jimdofree.com/）しました。そこからネット上の交流を中心に、オフ会や勉強会、技術士試験対策本の出版などを行ってきました。

２０１５年11月に、日刊工業新聞社のフラッグシップモデルである〝トコトンやさしい〟シリーズの『機械設計』に続いて、『機械材料』の初版を出版しました。そして今回、その改版をさせていただくことになりました。

初版から10年近くが経ちましたが、『機械材料』の基本的な内容は変わっていません。しかし、『機械材料』に関する新しい技術や新素材はもちろん登場しています。今回とくに、３Ｄプリンタ材料、サステナブルマテリアル、ＩＲ分析、マテリアルズ・インフォマティクス、異種材料接合などの解説を追加し、リニューアルしています。

〝トコトンやさしい〟シリーズは、その名のとおり図やイラストなどをふんだんに使って、テーマについてトコトンやさしく解説した技術の本です。本書はその『機械材料』の本として、さまざまな機械を構成する機械材料について、実務に役立つ内容をできる限りわかりやすく解説しています。機械系技術者としてスタートした若手技術者はもとより、機械系の学部に通っている学生や機械材料のことを知りたいと考えている人たちを主に対象にしています。さらに、実際に機械材料を選定したり取り扱っている機械系技術者が、再確認するのにも役立てられるような内容にしました。

執筆するにあたって、「教科書的」なものではなく「実務」に役立つ内容にしたいと考えました。実際に機械材料の選定を行う上で必要な基礎的知識を、若い技術者にわかりやすく具体的に解説するものをイメージしています。機械材料の種類や性質、機械材料に関わる検査、処理、問題点など、機械材料全般に関わるものになっています。その他機械材料の周辺知識や重要キーワードを取り上げるとともに、各章の最後にちょっとした話題をコラムとして提供しています。

この本をひととおり読むことによって、「機械材料」に関するひととおりの知識を得ることができ、科学技術立国を支える機械系技術者の役に立てることを願っています。

著者一同

2023年5月

トコトンやさしい

機械材料の本

第2版

目次

目次 CONTENTS

第1章 機械材料とは

第2章 金属系機械材料

第3章 非金属系機械材料

第4章 機械材料の性質

第5章 試験・検査

第6章 機械材料の改質

第7章 機械材料の破壊

第8章
周辺知識

【コラム】

第1章
機械材料とは

1 機械材料とは

機械を構成する部品が必要な条件を満たす材料

　機械材料は、さまざまな機械に使用される材料です。一概に機械といっても、使用する環境や使用条件は異なります。そのため、高い信頼性のもと安全に使用するためには、最適な材料を選定することが重要になります。

　また、コストを抑えるために、入手性や加工性が良い、できるだけ安価な機械材料を選定する必要もあります。そのためには、あらゆる種類の機械材料に対する正しい知識を持った上で、実績や経験、実際の評価結果などによって慎重に決定します。

　機械材料は金属系と非金属系に大きく分類され、金属系では鉄鋼と非鉄金属に分けられます。非鉄金属としては、アルミニウム合金や銅合金、チタンなどがあります。非金属系の機械材料としては、プラスチック、セラミックス、ゴム、ガラスなどがあります。またその他にも黒鉛、ダイヤモンド、木材、コルク、フェルトなど、さまざまな材料があります。

材料の選定は、機械設計の過程において決められるもので、最終的に部品図の材料欄に記載されます。その指示された機械材料をもとに、部品が加工され、必要に応じて焼入れなどの調質やめっきなどの表面処理がされます。

　機械材料はさまざまな機械に古くから使われてきている一方、研究や改良によって日々進歩しています。そのため、新しい正確な情報を入手し続けることも大切です。

　どのような機械材料を使うかによって、機械の性能、強度、価格、重量、寿命、安全性、信頼性、振動、騒音、リサイクル性などへの影響は非常に大きくなります。

　以上より、機械材料とは「機械を構成する部品が必要な条件を満たす材料」といえます。そのため、さまざまな機械材料がどのように使用され、どのように機能しているかを、常に意識するようにしましょう。

要点BOX

- ●さまざまな機械に使用される
- ●最適な機械材料を選定することが重要
- ●研究や改良により日々進歩している

機械材料とその選定
どんな種類がある?
組織・構造は?
どんな特性?
機械材料
使用箇所は?
材料の選定
機械の性能、強度、価格、重量、寿命、安全性、信頼性、
振動、騒音、リサイクル性などに影響を及ぼす
ガタガタ

2 機械材料の組織・構造

マクロな現象はミクロ構造の理解から

物質のミクロ構造は、原子間の結合の仕方で「イオン結合」「共有結合」「金属結合」に大別されます。

イオン結合は、電子が不足している、または余っていることでイオン化した、プラス電位とマイナス電位の原子同士が結びついたもので、結合によってできる分子はその電位を中和しています。イオン結合には、金属と非金属との結合の多くが該当します。

共有結合は、原子同士がお互いの価電子を出し合って共有することで、非常に強く結びついたものです。分子同士が何度も連続して同じ結合をする「重合反応」によって数千以上の原子が結びつくと、プラスチックなどの高分子化合物になります。

金属原子の場合、価電子を原子核へと引き寄せる力がとても弱いです。原子同士の距離が十分に縮まると、価電子は特定の原子核から引き離されてしまいます。そして、周りにある全ての原子核の間を飛び回る自由電子となってこれらを引き寄せます。この引力による結合を金属結合と呼びます。

原子の並び方もまた、その物質を特徴づける要素です。原子核同士は正の電荷による斥力と電子による引力によって3次元的に間隔が保たれています。この原子配置は結晶格子と呼ばれます。金属では、立方晶の体心立方格子や面心立方格子、六方晶のちゅう密立方格子が代表的です。格子上の原子が外力を受けてその位置から動かされると、動かされた原子周りの斥力と引力のバランスが崩れ、再び元の位置へ戻ろうとする力が生じます。材料が持つ弾性変形の正体は、この原子の復元力によるものです。

ミクロ構造はまた、結晶格子の並び方でも分類できます。結晶格子の乱れがなく配列したものを単結晶と呼び、ランダムなサイズで粒状に単結晶化して結びついたものを多結晶と呼びます。このほか、ガラスのように結晶構造をとらない非晶質と呼ばれるものもあります。

要点BOX

●物質の違いは原子間の結合の違い
●原子は3次元的に格子状に配列
●弾性変形は結晶格子の復元力の現れ

物質のミクロ構造

イオン結合	共有結合	金属結合
	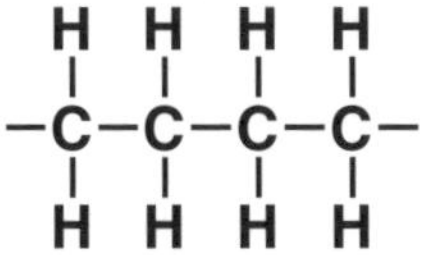	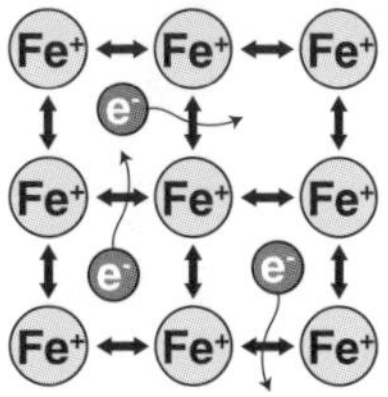
電位が中和された原子同士の結びつき	原子同士で価電子を共有する結びつき	価電子が原子核の間を自由に飛んで引き寄せている結びつき

金属の結晶構造

名称	HCP （ちゅう密六方格子）	FCC （面心立方格子）	BCC （体心立方格子）
原子の積み重なり方	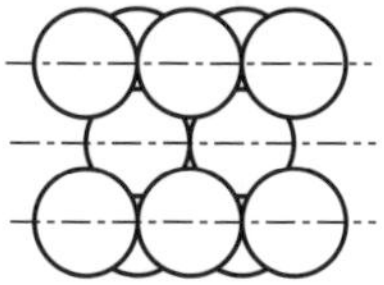	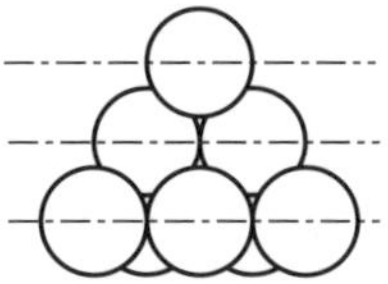	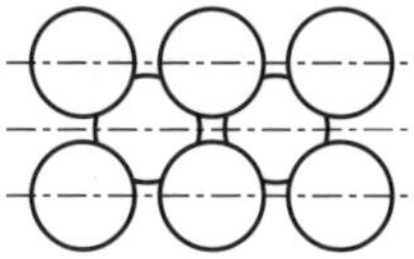
結晶格子の構造	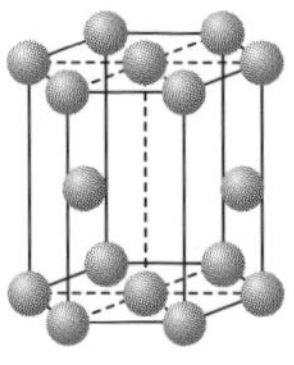	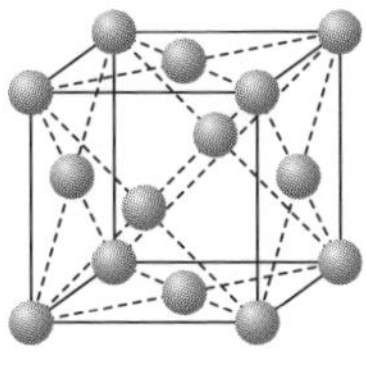	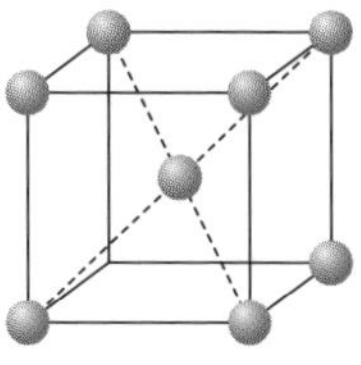
単位格子中の原子数	6個	4個	2個
充填率	0.74	0.74	0.68
代表的な金属	亜鉛 チタン コバルト マグネシウム	γ鉄 銅 アルミニウム ニッケル	α鉄 クロム モリブデン バナジウム

3 機械材料の特性

機械材料を選定するための判断材料

機械を設計するにあたっては、使用条件や使用環境に合わせた設計とするために、機械材料の特性を十分に理解することが大切です。選定した機械材料を適用した機械が、十分な性能を発揮して問題なく機能するようにしなければなりません。そのためには機械材料の特性を正しく理解して、有効に活用する必要があります。

一概に機械材料の特性といっても、引張強度、圧縮強度、曲げ強度、疲労強度、弾性、靭性、脆性、延性、耐摩耗性、硬さ、耐食性、耐熱性、熱伝導率、電気伝導率、比重など数多くあります。

これらの特性を考慮して、必要に応じて最適な機械材料を選定することが設計作業の第一歩といえます。

機械材料の特性の多くは、さまざまな試験によって数値で表されています。実際に設計するときには、それらの値を比較したり、材料力学の公式への代入や解析に使用します。また、入手性やコスト、加工性なども考慮して、これらが最適なバランスとなるように検討する必要があります。それぞれの材料の特性については、どのようなものなのかを正しく理解して、材料による違いをおおまかにでも頭の中に入れておくとよいでしょう。

一般的な金属材料の機械的強度を左頁に載せています。材料により比重や、ヤング率、引張強さ、伸びといった数値が異なります。これらに加えて、第4章にて詳述する機械材料の性質も重要となります。

以上のように、機械の性能を十分に発揮するためには、それを実現するのに最も適した材料を選定する必要があります。

それぞれの機械材料の特性を正しく理解し、さまざまな特性を考慮して検討するように心掛けましょう。

要点BOX

- ●材料特性は数値で表されている
- ●材料による違いをおおまかにでも覚えておく

主な金属材料の機械的強度

表の材料名の(　)内はJIS記号

材料名	組成　代表値（質量%）	熱処理	密度 ρ/kg·m^{-3}	ヤング率 E/GPa	ずれ弾性率 G/GPa	降伏強さ Y/MPa	引張強さ T/MPa	伸び(%)
一般構造用圧延鋼材(SS400)	Fe-0.1C	焼きなまし	7.9×10^3	206	79	240	450	21
機械構造用中炭素鋼(S45C)	Fe-0.45C-0.25Si-0.8Mn	焼入れ,焼戻し	7.8	205	82	727	828	22
クロムモリブデン鋼(SCM440)	Fe-0.4C-0.7Mn-1.0Cr-0.25Mo	焼入れ,焼戻し	7.8	-	-	833	980	12
ばね鋼(SUP7)	Fe-0.6C-2.0Si-0.85Mn	焼入れ,焼戻し	-	-	-	1080	1230	9
フェライト系ステンレス鋼(SUS430)	Fe-0.12>C-0.75>Si-1.0>Mn-17Cr	焼きなまし	7.8	200	-	205	450	22
オーステナイト系ステンレス鋼(SUS304)	Fe-0.08>C-1.0>Si-2.0>Mn-9Ni-19Cr	固溶化処理	8.0	197	74	205	520	40
ねずみ鋳鉄	Fe-3.3C-2Si-0.5Mn	鋳造のまま	7.2	100	40	-	450	2
球状黒鉛鋳鉄(FCD370)	Fe-2.5C-2Si	鋳造のまま	7.1	176	69	230	370	17
7/3黄銅(C2600)	70Cu-30Zn	完全焼なまし	8.5	110	41	-	280	50
りん青銅(C5212P)	Cu-8Sn-0.2P	完全硬化	8.8	110	43	-	600	12
工業用アルミニウム(A1085P)	Al>99.85	焼なまし	2.7	69	27	15	55	30
耐食アルミニウム(A5083P)	Al-4.5Mg-0.5Mn	焼なまし	2.7	72	-	195	345	16
ジュラルミン(A2017P)	Al-4Cu-0.6Mg-0.5Si-0.6Mn	常温時効(T4)	2.8	69	-	195	355	15

出典:平成27年度 理科年表、物34(396)～物35(397)

機械材料の特性

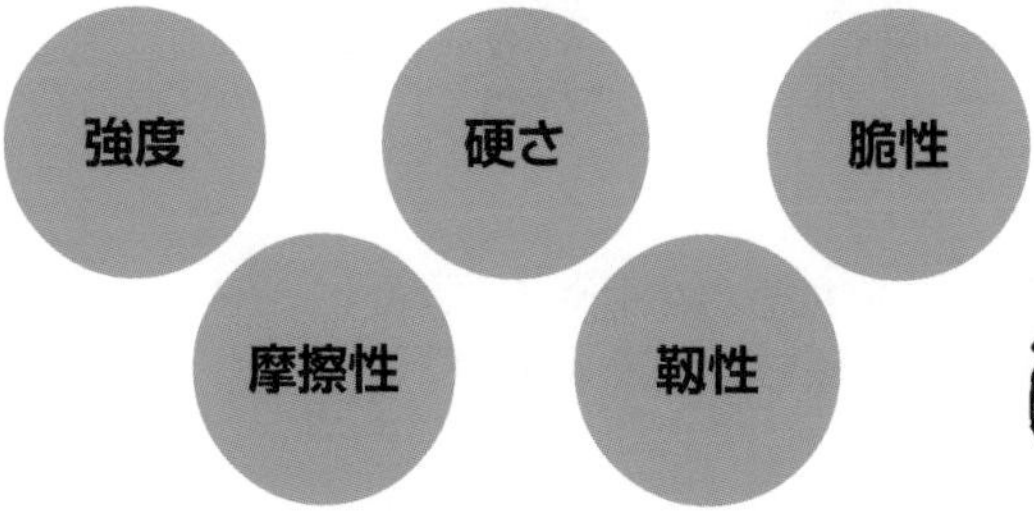

4 機械材料の種類

機械材料の種類と適用箇所を知る

機械材料には非常に多くの種類があります。最も基本的な分類は金属系と非金属系です。

金属系の中では鉄鋼と非鉄金属に分かれます。非鉄金属にはアルミニウム合金や銅合金、チタンなどが存在します。また特殊な性能の要求に応えるために、金や白金などの貴金属も工業製品に用いられることがあります。

非金属系ではセラミックスやガラスなどの無機物系とプラスチックとして生活の中に浸透している樹脂やゴムなどの有機物系があります。さらに樹脂には汎用プラスチックとエンジニアリングプラスチックという分類が存在し、またさらに細かい分類がされます。これらは今後の材料開発により種類が増加することが予想されます。

材料は分類ごとにその特性が異なりますが、同じ分類の中でも、ある特性のみが大きく異なることがあります。例えば、鉄鋼などはその処理方法によって強度が大きく変化します。設計者は機械材料の種類とそれぞれの特性を理解し、要求される性能に応じて適宜使い分けることが重要です。

新たに開発される機械材料の動向に注視して実績や加工方法などを把握すれば、優位な性能を持つ製品を他者に先んじて開発できます。近年、自動車分野においては鉄鋼の代わりにＦＲＰ（繊維強化プラスチック）やＣＦＲＰ（炭素繊維プラスチック）などの材料が使用される傾向もあります。これらは従来の材料に比べて優れる点もあれば、劣る点もあります。また、その材料の特性に適した構造や接合方法があることも認識する必要があります。

数多くある材料の種類とその特性を理解し、適切な材料をそれに合った構造で運用できる技術者を目指しましょう。

要点BOX

●機械材料の種類とそれぞれの特性の理解

●要求性能に合った機械材料と構造の選択

代表的な機械材料の分類

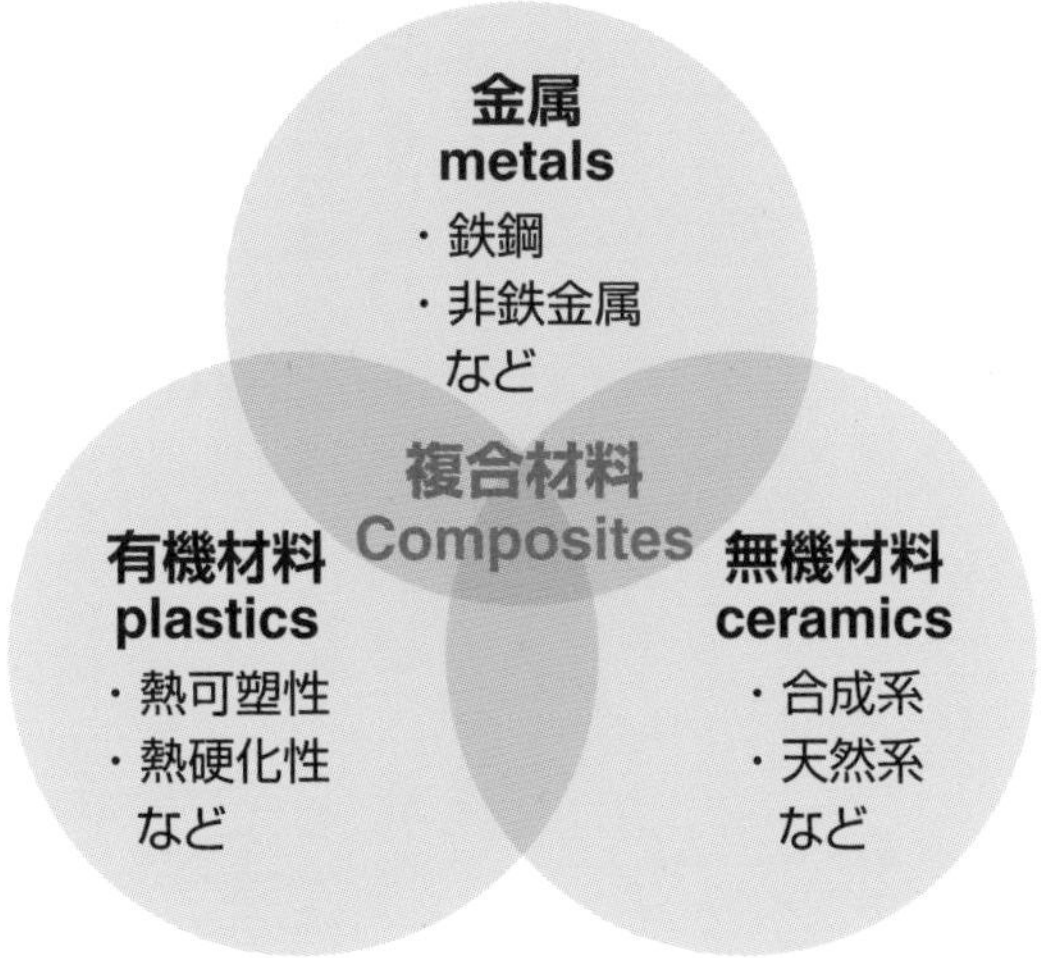

鉄鋼材料の分類

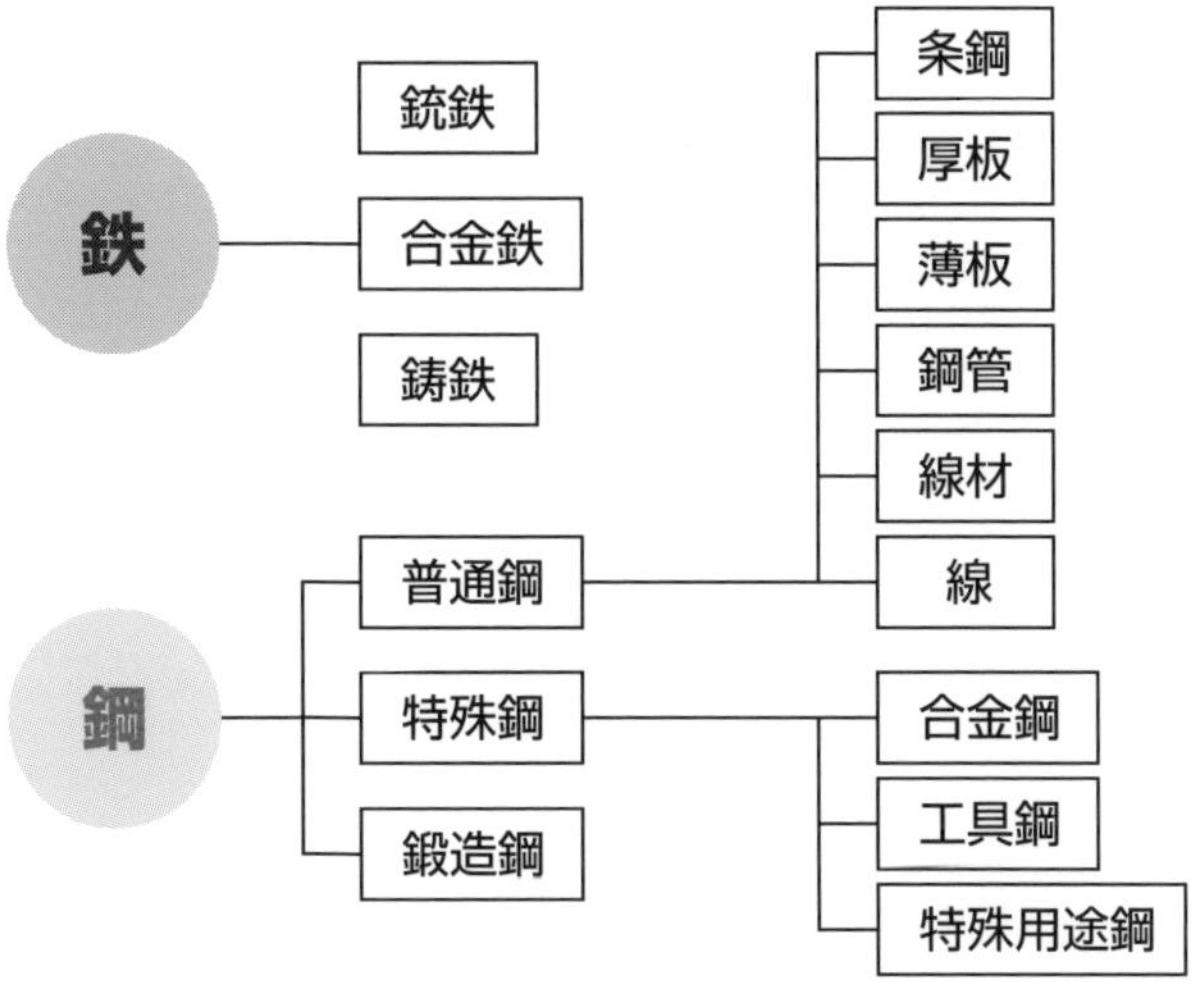

5 機械材料の使用箇所

さまざまな種類の機械、使用環境、使用条件

機械材料は、さまざまな種類の機械に使用されています。例えば、航空機、ロケット、鉄道車両、自動車、船舶などの輸送機械や加工機などの生産設備機械、建設機械、発電機、原動機、冷暖房機、流体機械、化学機械、環境装置、油空圧機器、ロボット、情報・精密機器、光学機械、医療機器などです。

そして、それらの機械が使用されている環境も、屋内と屋外の違いや、温度や湿度の違いなど、さまざまです。さらに、ちり一つない非常にクリーンな環境で使用されることもあれば、水中、油中、海水中やホコリまみれの劣悪な環境下で使用されることもあります。

また、機械が使用される条件として、荷重がかかる向きや速度によってもいろいろな違いがあります。荷重がかかる向きの違いには、引張方向、圧縮方向、せん断方向、曲げ方向、ねじり方向、またはそれらが組み合わさった方向に働く荷重などがあります。

一方、荷重がかかる速度の違いは、力の大きさと向きが変わらない静荷重と、時間とともに力の大きさと方向が変化する動荷重に分けられます。動荷重は、急激な力が瞬間的に働く衝撃荷重と周期的に繰り返し働く繰り返し荷重があります。さらに繰り返し荷重には、荷重の向きは同じで大きさのみが変わる片振り荷重と、荷重の向きと大きさが変わる両振り荷重とがあります。

これらの違いをよく理解して、それにふさわしい機械材料を選定しないと、十分な安全性、信頼性を確保することができません。ときには人命に関わる重大事故につながることもあります。機械材料はあらゆる種類の機械に使用されるため、使用箇所も多岐に渡ることを意識して知識や実績を蓄積していきましょう。

要点BOX

- ●さまざまな機械、環境で使用
- ●荷重がかかる向きに違いがある
- ●荷重がかかる速度に違いがある

機械材料の使用箇所

●さまざまな種類の機械

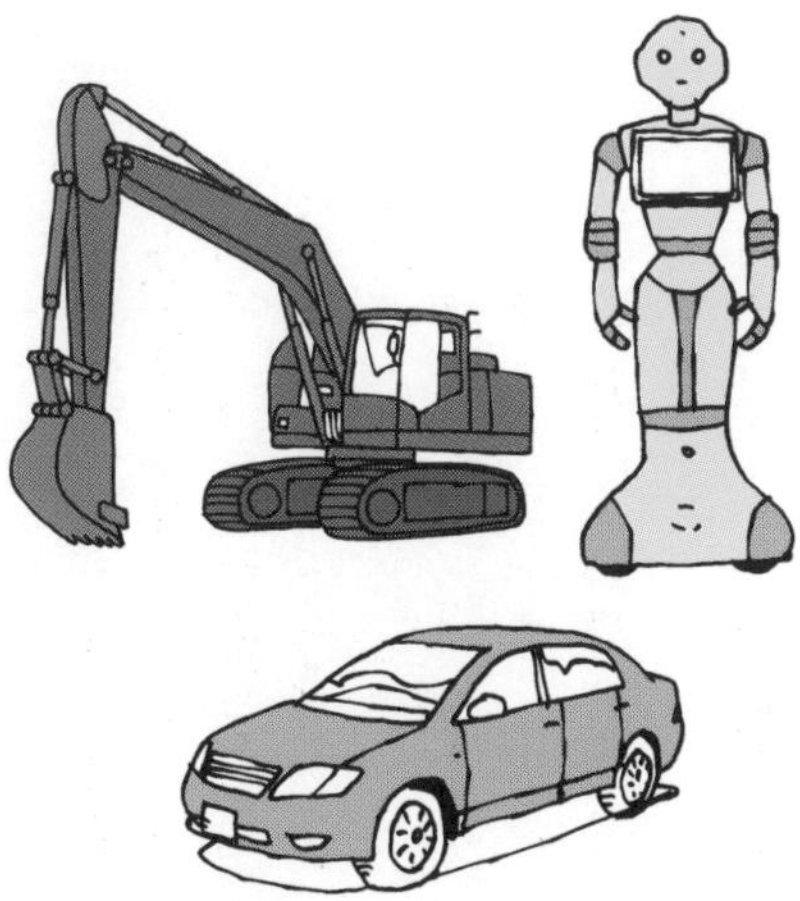

●使用環境

●使用条件

(1) 荷重がかかる向き

〈引張荷重〉

〈圧縮荷重〉

〈曲げ荷重〉

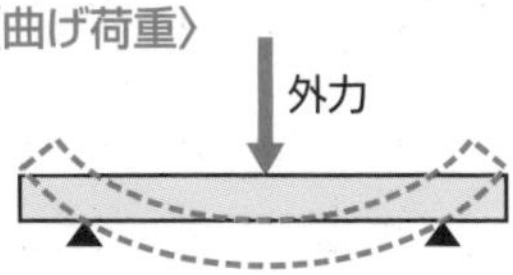

〈せん断荷重〉

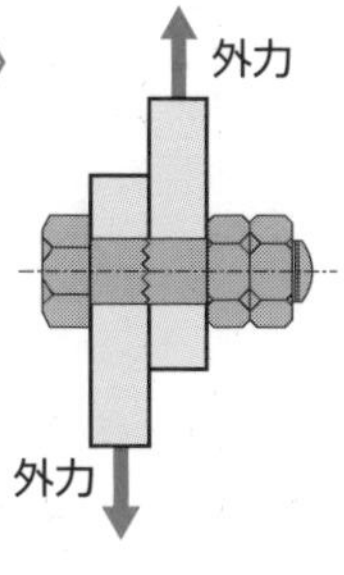

〈ねじり荷重〉

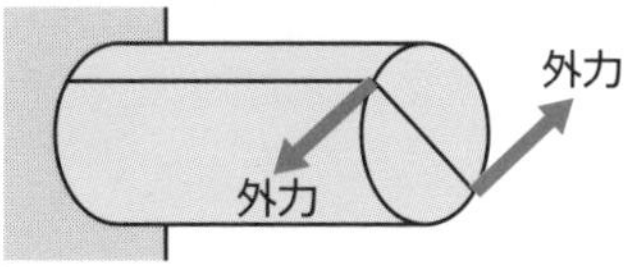

(2) 荷重がかかる速度

- 荷重
  - 静荷重
  - 動荷重
    - 衝撃荷重
    - 繰り返し荷重
      - 片振り荷重
      - 両振り荷重

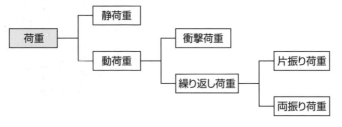

機械材料の選定方法

機械の設計者は、多くの事項を決定する必要があります。その中で、材料選定は最も重要な決定事項のひとつであるといえます。選定した材料によって、コストや強度、寿命などに大きな影響が及ぼされます。そのため、材料選定は慎重かつ的確に行うことが大切です。

製品の良し悪しは、設計段階で8割以上は決まってしまうといわれます。

まず、使用する環境などの制約により、ある程度材質を絞ることができます。温度や湿度などの変化への対応はもとより、屋外であれば、錆びにくい材料である必要があります。また、オイルが飛散していたり、海水や腐食ガス中などの特殊な環境でも問題ない材料を選定することが大切です。

次に、強度・加工性・コスト・耐久性などのバランスを考えながら、さらに絞っていくことになります。安全性や信頼性を重視しすぎるあまりに、加工性や入手性が悪い高価な材料を選定してしまっては、元も子もありません。設計する機械装置の仕様、要求されるコストに合った材料を選定しなくてはなりません。

また、ひとくちに強度といっても、引張強度、圧縮強度、曲げ強度、表面の硬度などさまざまです。そのため、機械装置の仕様を満たすために重要な特性を検討しなくてはなりません。さまざまな検討を繰り返しながら、最適な条件の組合せを決めていくといったたいへん労力のかかる作業です。

ときには、先人の図面や過去の使用実績を参考にすることも大切です。ただし、全く同じ使用条件であることはないので、その材料の特性を理解して本当に最適な材料かを確認します。幅広い知識を使いながら、材料を選定していく作業はまさに機械設計の最重要事項であるといえるでしょう。楽しみながら、検討していきましょう。

第2章

金属系機械材料

6 鉄鋼−鋼材

SS材とS-C材が代表的な鉄鋼材料

鉄鋼材料は、金属材料の中では最も歴史があり、一般的な材料です。その中でも安価で使用する機会の多いのが、SS材(一般構造用圧延鋼材)です。SS材はJISにおいて化学成分が規定されていないため、市場に出回る材料の機械的性質にばらつきがあることがあります。SS400などと表記して、数字は引張強さ(N/㎟)を表しています。SS材は溶接しても問題ありませんが、さらに溶接性に優れたものとしてSM材(溶接構造用圧延鋼材)があります。SM材は、溶接構造物を構成することが多い建築構造物、橋げた、船舶などに使用されることが多いことで知られています。SS材に比べ、炭素、ケイ素、マンガンの上限値が規定されています。

　また、機械構造部品に用いられる材料としては、S-C材(機械構造用炭素鋼鋼材)があります。これは、S45Cなどといった形で表され、この場合の45は化学成分が0・45%の炭素量であることを示します。S09CKからS58CまでがJISに規定されていて、炭素量が低いほど靭性、冷間加工性や溶接性に優れています。0・45%を超えてくると、脆くなってきます。しかし、焼き入れ焼戻しにより表面硬度を上げることが容易にできるため、耐摩耗性を上げてキー材やピンなどに使用することができます。

　構造用合金鋼には、ニッケル(Ni)やクロム(Cr)、モリブデン(Mo)、マンガン(Mn)を添加したものがあります。靭性を上げたり、焼き入れ性を増したりすることができるため、多くの機械構造部品に使用されます。

　また、工具全般で使われる鉄鋼材料として、耐衝撃性や耐摩耗性が高いSK材(炭素工具鋼)、さらに耐熱性が向上したSKH材(高速度工具鋼:ハイス鋼)があります。

　そのほか、特殊用途鋼として、SUS材(ステンレス鋼)、SUH材(耐熱鋼)、SUJ材(軸受鋼)、SUP材(ばね鋼)、SUM材(快削鋼)があります。

要点BOX

- ●JISに規定されている材料
- ●SS材の数字は引張強さ(N/㎟)
- ●S−C材の数字は含まれている炭素量

一般構造用圧延鋼材の機械的性質

種類の記号	降伏点または耐力 N/mm^2			引張強さ	伸び	曲げ性
	鋼材の厚さ mm					
	16以下	16を越え40以下	40を越えるもの	N/mm^2	% 16~50mmの鋼板	曲げ角度
SS 330	205以上	195以上	175以上	330~430	26以上	180°
SS 400	245以上	235以上	215以上	400~510	21以上	180°
SS 490	285以上	275以上	255以上	490~610	19以上	180°
SS 540	400以上	390以上	ー	540以上	17以上	180°

出典:JIS G 3101:2010より引用

構造用鋼の種類と記号について

JIS No.	種別	記号
G 3101(1995)	一般構造用圧延鋼材	SS
G 3104(1987)	リベット用丸鋼	SV
G 3105(1987)	チェーン用丸鋼	SBC
G 3106(1999)	溶接構造用圧延鋼材	SM
G 3108(1987)	みがき棒鋼用一般鋼材	SGD
G 3109(1994)	PC鋼棒	SBPR
G 3111(1987)	再生鋼材	SRB
G 3112(1987)	鉄筋コンクリート用棒鋼	SR、SD
G 3114(1998)	溶接構造用耐候性熱間圧延鋼材	SMA
G 3117(1987)	鉄筋コンクリート用再生棒鋼	SRR、SDR
G 3123(1987)	みがき棒鋼	SGD
G 3125(1987)	高耐候性圧延鋼材	SPA-H、SPA-C
G 3128(1999)	溶接構造用高降伏点鋼板	SHY
G 3129(1995)	鉄塔用高張力鋼鋼材	SH
G 3136(1994)	建築構造用圧延鋼材	SN
G 3137(1994)	細径異形PC鋼棒	SBPDN、SBPDL
G 3138(1996)	建築構造用圧延棒鋼	SNR
G 3350(1987)	一般構造用軽量形鋼	SSC
G 3353(1990)	一般構造用溶接軽量H形鋼	SWH

7 鉄鋼-鋼板、鋼管

鋼材を板状または丸い断面に加工したもの

鋼板とは、鋼材をある厚さの板状に加工したものです。これを切断したり、曲げたりして形状変化させ部品にします。鋼板は、熱間圧延または冷間圧延によって製造されます。

熱間圧延材としてはSPHC、SPHD、SPHEが、冷間圧延材としては、SPCC、SPCD、SPCEが一般的です。SPHはS(Steel)、P(Plate)、H(Hot)を、SPCはS(Steel)、P(Plate)、C(Cool)を表しています。ここでの冷間(C：Cool)は熱間に対する言葉で、特に冷やすわけではなく常温を意味しています。それぞれの末尾の…C(Commercial)は、一般的な鋼板のことで、自動車部品などに広く使用されています。…D(Deep Drawn)は、リムド鋼で絞り加工用として用いられます。…E(Deep Drawn Extra)は、キルド鋼で深絞り加工用です。

また、鋼板には溶融亜鉛めっきや電気めっきなどの表面処理を先に施したものもあります。これは、加工後の表面処理工程を減らすことができるため、大きな部品などで使用する場合には有効です。

ただし、切断面においては、表面処理が取り除かれてしまうため、腐食する可能性があるので注意が必要です。

鋼材を丸い断面に加工し、継目を溶接することで配管材を作ることもできます。これを鋼管といいます。例えば、SGPは、配管用炭素鋼鋼管のことであり、安価で入手性のよい材料です。断面性能が高く閉断面であるため、構造材として、強度を確保する場合によく利用されます。

鋼管は、継目のないものや断面形状が角形の材料もあります。鋼管内を通過する流体の圧力によって使用可能な鋼管が限定されるため、鋼管の耐圧を確認して使用するようにしましょう。

これらの鋼板や鋼管を組み合わせることにより、複雑で立体的な形状を実現することができます。

要点BOX

- ●曲げたり、穴をあけたり　機械部品構成の基本
- ●鋼板、鋼管を組み合わせることで必要な形状を作る

鋼板の運搬方法例

鋼板をコイル状にしてコンパクトに運搬することで、
使用する場所で容易に加工することができる

鋼板、鋼管の組合せの例

主な鋼板と鋼管の種類と記号の例

分類	名称	JIS番号	記号の例
鋼板	一般構造用圧延鋼材	G 3101	SS400
	溶接構造用圧延鋼材	G 3106	SM490A
	熱間圧延軟鋼板及び鋼帯	G 3131	SPHC,SPHD,SPHE
	冷間圧延鋼板及び鋼帯	G 3141	SPCC,SPCD,SPCE
鋼管	機械構造用合金鋼鋼管	G 3441	SCM420TK
	一般構造用炭素鋼鋼管	G 3444	STK400
	機械構造用炭素鋼鋼管	G 3445	STKM18A
	配管用炭素鋼鋼管	G 3452	SGP
	圧力配管用炭素鋼鋼管	G 3454	STPG410
	高圧配管用炭素鋼鋼管	G 3455	STS410
	一般構造用角形鋼管	G 3466	STKR490

8 鉄鋼ー鋳鉄

自由な形状を鋳型によって作ることが可能

鋳鉄の歴史は古く、日本へは西暦５４０年ごろ伝わってきたといわれています。

鋳鉄は、ねずみ鋳鉄（ＦＣ材）、球状黒鉛鋳鉄（ＦＣＤ材）がよく知られています。

まず、ねずみ鋳鉄は、組成が規定されておらず、ＪＩＳ規格に引張強度と硬さのみが規定されています。機械材料として鋳物を検討するのであれば、まずはねずみ鋳鉄の適用を考えます。耐摩耗性や耐振動性に強いといわれています。

球状黒鉛鋳鉄もよく知られていますが、ねずみ鋳鉄と違うところは、伸びが規定されていることです。これにより靭性が高くなっています。しかし、耐衝撃性は低くなっているので、衝撃がかかる部品として使用することは避けた方がよいといえます。

鋳鉄の特長は、鋳型で自由な形状を作ることができることです。部品を作る際は、なるべく二次加工をしないように考えます。二次加工をなくすことで、工数の削減やコストダウンが可能になります。鋳型による形状の寸法精度や表面粗さはよくないので、他の部品との干渉や取付には注意が必要です。また、抜き勾配やR形状についても、製作者としっかり打ち合わせを行うとよいです。

鋳型の製作や保管にはコストがかかります。そのため、ある程度まとまった個数を生産する場合に使用します。

鋳物部品は、工作機械のフレームや減速機のハウジング、フォークリフトトラックの部品など、さまざまな機械部品に使用されています。これら鋳物部品は、海外調達によるコストダウンが進んでいますが、製作プロセスの管理が困難となるため、品質確保が重要な課題となっています。

コスト、強度などの点において、優位性がある材料だといえます。

要点BOX

- ●まとまった個数の生産に適している
- ●できるだけ二次加工が不要な形状にする
- ●海外調達によるコストダウンが進んでいる

鋳物の作り方(例)

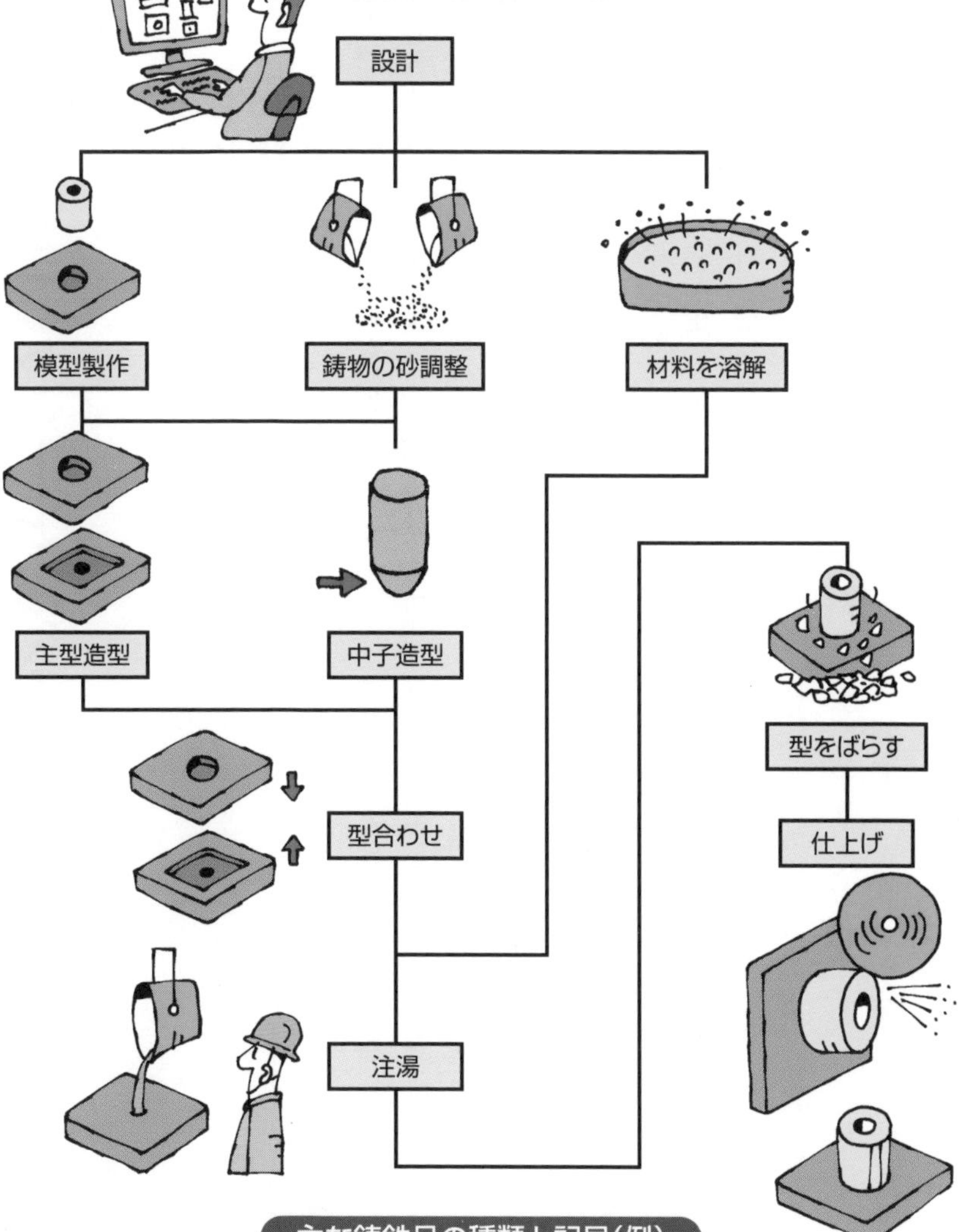

主な鋳鉄品の種類と記号(例)

名称	JIS番号	記号の例
ねずみ鋳鉄品	G 5501	FC100,150,200,250,300,350
球状黒鉛鋳鉄品	G 5502	FCD370,400,450,500,600,700,800
黒心可鍛鋳鉄品	G 5702	FCMB270,310,340
白心可鍛鋳鉄品	G 5703	FCMW330,370,FCMWP440,490,540
パーライト可鍛鋳鉄品	G 5704	FCMP440,490,540,590,690

9 ステンレス鋼

「不動態皮膜」により耐食性に優れる

ステンレス鋼は、主に耐食性を向上させるため、鉄(Fe)にクロム(Cr)またはクロムとニッケル(Ni)を含有させた合金鋼です。一般的にはクロム含有量が10・5%程度以上の鋼をステンレス鋼といいます。

ステンレス鋼は次頁下表のように、化学成分上クロム系またはクロム・ニッケル系に分けられます。さらに金属組織によって、マルテンサイト、フェライト、オーステナイト、オーステナイト-フェライト(2相)、析出硬化系の5種類の系統に分類されます。

マルテンサイト系は焼入れによって硬化するため、機械部品や工具類によく使用されます。フェライト系は安価で応力腐食割れに強いため、家電用品や厨房機器などに使用されます。

オーステナイト系は強度が高く、延性、靭性、耐熱性に優れている一方、応力腐食割れ(53項参照)に注意が必要です。ステンレス鋼で唯一着磁性がなくリサイクルしやすいため、耐久消費財として利用されます。オーステナイト-フェライト(2相)系は、耐食性や強度が高いためプラントやタンカーなどに使われます。析出硬化系は、熱処理により金属間化合物が析出して硬化します。ばね、スチールベルト、シャフトなどの部品に使用されます。

ステンレス鋼の最大の特徴は、表面に「不動態皮膜」が形成されていることです。これは、表面のクロム原子が空気中の酸素や水と反応してできた、厚さ数ナノメートルの薄い膜で、錆などの腐食から表面を守ります。皮膜が壊されても、すぐに内部のクロムによって「不動態皮膜」が形成されて、自己修復します。一方、海水中では塩化物イオンによって「不動態皮膜」は化学的に破壊されるため、孔食や応力腐食割れが容易に発生してしまいます。

このように、ステンレス鋼は非常に広範囲で利用されていますが、その適性を十分に理解し、今までの実績なども考慮して適用するように心掛けましょう。

要点BOX

- ●化学成分上クロム系またはクロム・ニッケル系に分類
- ●金属組織上は5種類の系統に分類
- ●塩化物イオンが「不動態皮膜」を破壊

不動態皮膜

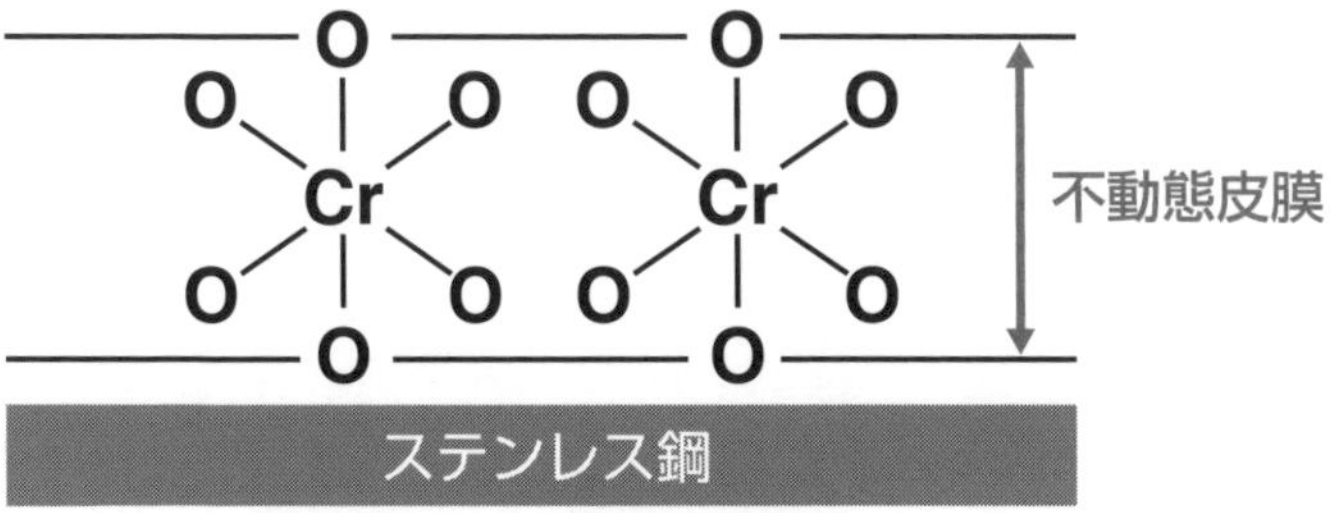

※Cr→クロム、O→酸素(元素記号)

ステンレス鋼の分類

化学成分	金属組織	ステンレス鋼
クロム系 (Fe−Cr)	マルテンサイト系	SUS410(13Cr)、SUS403(13Cr)など
	焼き入れ、焼き戻しによって硬化するため、高強度、耐食･耐熱性が必要な機械構造用部品に用いられる。 <適用例>タービンブレード	 ●タービンブレード 発電や船舶、飛行機などの動力源として利用されるタービンに組み込まれている。蒸気によって回転することで、動力が得られる。
	フェライト系	SUS430(18Cr)
	熱処理による硬化がほとんどなく、焼なまし状態で使用され、マルテンサイト系ステンレスより溶接性、加工性、耐食性がよい。薄板や線の形で広く用いられる。	
クロム･ ニッケル系 (Fe-Cr-Ni)	オーステナイト系	SUS304(18Cr-8Ni)、SUS316(18Cr-12Ni-2Mo)、SUS309(22Cr-12Ni)など
	一般的によく使用されているステンレス鋼。マルテンサイト系ステンレスより耐食性や耐酸性が優れている。延性および靭性があるため、深絞り、曲げ加工などに適している。磁性がない。	
	オーステナイト−フェライト(2相)系	SUS329J1(25Cr-4.5Ni-2Mo)
	耐食性と耐応力腐食性をあわせもち、他のステンレスとは違って耐海水性、耐応力腐食割れ性に優れていて、高強度。 <適用例>タンカー	
	析出硬化系	SUS630(17Cr-4Ni-4Cu-Nb)
	オーステナイトとマルテンサイトの混合組織を、冷間加工後に低温の熱処理によって析出硬化させたもの。他のステンレス鋼よりもさらに高力化しているが、オーステナイト系ステンレスに比べて耐食性は劣る。	

10 アルミニウムとその合金

合金化で強度や耐食性が付加される金属

アルミニウム（Al）の比重は2.7であり、鉄の7.8と比べると約1／3です。軽量化による性能向上が時代のニーズになっているため、自動車、飛行機などの輸送機械や産業機械、住宅部材などの広い範囲で用いられています。また、純アルミニウムの引張り強さはあまり大きくありませんが、これにマグネシウム（Mg）、マンガン（Mn）、銅（Cu）、ケイ素（Si）、亜鉛（Zn）などを添加して合金にしたり、圧延などの加工、熱処理を施すことで強度を高くして金属材料としての特性を向上させることが可能です。用途に応じた多くの合金が存在します。

アルミニウム合金の主な性質は添加元素の種類と添加量に影響され、それぞれに区分されます。Al-Cu-Mg系合金（2000系）はジュラルミン、超ジュラルミンとして知られ、鋼材に匹敵する強度を持ちます。Al-Mn系合金（3000系）は耐食性を低下させることなく、強度を少し増加させたもので、アルミ缶などに使用されます。Al-Si系合金（4000系）は溶融温度が低く、ろう材や溶接ワイヤーとして使用されます。Al-Mg-Si系合金（6000系）は強度、耐食性ともに良好でアルミサッシ、自動車部材などの構造用材として多用されています。Al-Zn-Mg系合金（7000系）は最も高い強度を持つ合金で航空機などに使用されています。そのほかに鋳造用アルミニウム合金として砂型・金型鋳物用合金とダイカスト用合金の二つの系統があり、それぞれの特性を活かした用途に用いられます。

また、近年ではMMC（Metal Matrix Composite）という、アルミニウムとSiCなどのセラミック強化材を組み合わせた新たな複合材料が注目されています。この材料にはアルミニウムの軽さを有しながら剛性は2倍程度のものが存在します。また、熱膨張率が小さく、熱伝導性も良いなどの従来のアルミニウム合金にはない特徴を持ちます。

要点BOX

- 合金化で軽さと強度を持ち軽量化に有用
- 特性を理解し、使い分けることが重要

アルミニウム合金の用途

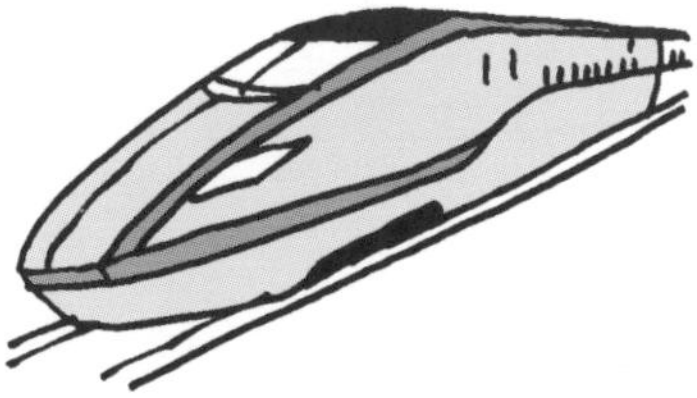

- ●用途：自動車、航空、宇宙、鉄道、船舶
- ●特徴：軽い、強い、耐食、加工しやすい

アルミニウム合金の分類

- アルミニウム合金
  - 圧延用合金
    - **非熱処理合金**
      - 純アルミニウム（1000アルミニウム）
      - Al-Mn系合金（3000系合金）
      - Al-Si系合金（4000系合金）
      - Al-Mg系合金（5000系合金）
    - **熱処理合金**
      - Al-Cu-Mg系合金（2000系合金）
      - Al-Mg-Si系合金（6000系合金）
      - Al-Zn-Mg系合金（7000系合金）
  - 鋳造用合金
    - 砂型・金型鋳物用合金
      - **非熱処理合金**
        - Al-Si系合金（Al3A合金）
        - Al-Mg系合金（AC7A合金）
      - **熱処理合金**
        - Al-Cu-Mg系合金（AC1B系合金）
        - Al-Cu-Si系合金（AC2A、AC2B系合金）
        - Al-Cu-Ni-Mg系合金（AC5A系合金）
        - Al-Si-Mg系合金（AC4A、AC4C系合金）
        - Al-Si-Cu系合金（AC4B系合金）
        - Al-Si-Cu-Mg系合金（AC4D系合金）
    - ダイカスト用合金

11 銅とその合金

加工性が良く、熱、電気をよく伝える

銅は工業をはじめ、あらゆる用途に広く用いられ、特に電気器具の配線部分、回路、ケーブルの材料としてよく使われます。これは銅が金・銀に次いで電気伝導性に優れ、伝導率が94%と遜色がない一方で、こられと比べてコストが安いのが理由です。また、延伸性や圧延性に優れているので加工がしやすく、線形状の電線ケーブルやヒートシンクとしての放熱部分にも用いられます。その他、銅や銅合金は耐食性も良いので歴史的な建築物にも多く用いられます。ただし、大気中における磨いた銅表面の酸化は急速で、容易に変色します。

銅は融合性に富み、金、銀、亜鉛、錫、ニッケルなどと容易に融合し、いろいろな合金を作ります。

黄銅は亜鉛との合金で、〝しんちゅう〟といわれるCu-Zn系合金で銅合金の代表的なものです。展延性などの機械的性質が優れ、耐食性も良く、はんだや銀ロウとの相性が良いという特徴があり、機械部品から日用品に至るまで広く用いられています。

洋白は亜鉛、ニッケルに少量のマンガンを加えた銀白色の合金で、亜鉛、ニッケルの含有量により数種類に分けられています。耐食性に優れ美しいため、装飾品や食器などに多く使用されます。また、弾力性に富むため、楽器や電気材料の部品にも使用されます。

青銅は銅を主成分としたすず（Sn）を含む合金で、ブロンズとも呼ばれます。加工しやすく、低コストで製造できるため古代より使われ続けてきました。

白銅は銅を主体としたニッケルを10～30%含む合金です。ニッケル量の多いものは銀に似た輝きを放つため、銀の代用として貨幣などに使用されています。

以上のように、銅合金は身近にも歴史的にも広く使用されている金属です。特性をよく理解し、熱伝導性や加工性を気にする箇所にうまく活用できるとよいでしょう。

要点BOX

- ●電気伝導性や熱伝導性の用途で主要な材料
- ●加工性が良く、低コストで広範囲で利用される

合金の種類と成分表

銅合金	成分
無酸素銅	Cu
タフピッチ銅	Cu
リン脱酸素銅	Cu-P
丹銅	Cu-Zn
黄銅	Cu-Zn
快削黄銅	Cu-Zn-Pb
スズ入り黄銅	Cu-Zn-Sn-P
アドミラルティ黄銅	Cu-Zn-Sn-As
ネーバル黄銅	Cu-Zn-Sn
洋白	Cu-Ni
白銅	Cu-Ni
アルミニウム青銅	Cu-Al
リン青銅	Cu-Sn-P
ベリリウム銅	Cu-Be
チタン銅	Cu-Ti

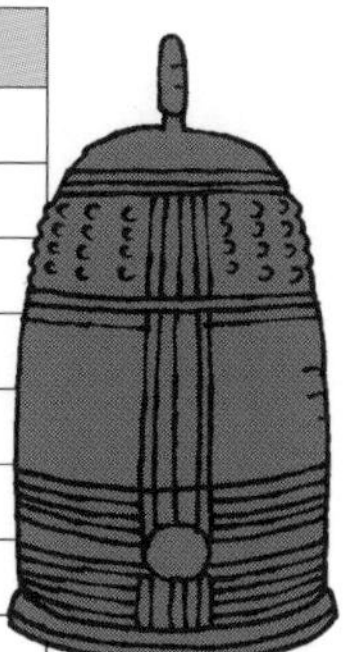

日本の貨幣の成分表

貨幣	金属種類	成分	重さ
500円	白銅	銅:75%、ニッケル:25%	7.2g
100円	白銅	銅:75%、ニッケル:25%	4.8g
50円	白銅	銅:75%、ニッケル:25%	4g
10円	青銅	銅:95%、亜鉛:3～4%、すず:2～1%	4.5g
5円	黄銅	銅:60～70%、亜鉛:40～30%	3.75g
1円	アルミニウム	アルミニウム:100%	1g

12 チタンとその合金

優れた性質を持つ次世代材料

チタンは一般的に純チタンとチタン合金に大別されます。チタン合金にはα相（ちゅう密六方晶）からなるα合金とβ相（体心立方晶）からなるβ合金、αとβの2相が出現するα—β合金があり、それぞれ性質が異なります。

チタンは埋蔵量が多い一方、精製が難しく非常に高価な材料です。化学的に活性であるため酸素や窒素と反応しやすく、鉄よりも融点が高いため、精製時に真空装置や不活性ガスで充填した大型装置が必要になります。

また、ねばりがあって熱伝導率が低いため、加工する場合、工具に熱が溜まって工具が損傷したり、切り屑が燃えてしまいます。そのため、加工が非常に難しい材料といえます。

チタンは軽くて比強度が高いので航空機の機体やエンジン、ゴルフクラブなどのレジャー用品に使用されています。また耐食性が高いため、化学プラントや火力・原子力発電のパイプなどによく使われます。

生体親和性も高いため人口骨やインプラントなどの医療分野や、腕時計、眼鏡、ブレスレッドなどの人の肌に触れる高級品にも利用されています。現状その性質を活かした特定の分野や用途での使用が進んでいます。

チタンを含む機械材料としては、チタンとニッケル（Ni）による形状記憶合金、チタンとニオブ（Nb）による超電導電磁石、チタンとバリウム（Ba）が酸化した強誘電体のチタン酸バリウムによるコンデンサ、チタンと鉛（P）とジルコニウム（Zr）によるPZTという圧電体、チタンとマンガン（Mn）による水素吸蔵合金などさまざまです。

チタンは高価なためなかなか汎用品には使用されていないのが現状です。今後その製法や加工が容易になることでコストが下がり、活用が進むことが期待されています。

要点BOX
- ●精製や加工が難しくて高価
- ●特定の分野や用途での使用が進む

代表的なチタン(棒材)の種類と特徴

区分	種類	記号	特徴
純チタン	JIS H 4600 1種	TB270H(熱間) TB270C(冷間)	プレス、曲げなど成形加工しやすい純チタン
	JIS H 4600 2種	TB340H(熱間) TB340C(冷間)	加工性と強度のバランスが良く、最もよく使用される代表的な純チタン
	JIS H 4600 3種	TB480H(熱間) TB480C(冷間)	中強度の純チタン
	JIS H 4600 4種	TB550H(熱間) TB550C(冷間)	最高強度の純チタン
耐食合金	JIS H 4600 12種	TB340PdH(熱間) TB340PdC(冷間)	耐隙間腐食性に特に優れる
α合金	JIS H 4600 50種	TAB1500H(熱間) TAB1500C(冷間)	耐食性、耐海水性、耐水素吸収性、耐熱性が良い(Ti−1.5Al) 二輪車マフラーなど
α−β合金	JIS H 4600 60種	TAB6400H(熱間)	代表的なチタン合金 高強度で耐食性が良い(Ti−6Al−4V) 自動車、船舶、医療部品など
	JIS H 4600 61種	TAB3250H(熱間)	中強度で耐食性、溶接性、成形性、冷間加工性が良い(Ti−3Al−2.5V) 医療部品、レジャー用品など
β合金	JIS H 4600 80種	TAB4220H(熱間)	高強度で耐食性に優れ、常温でのプレス加工性が良い(Ti−4Al−22V) 自動車用エンジンリテーナー、ゴルフクラブ、オルトなど

チタンの製造工程(クロール法)

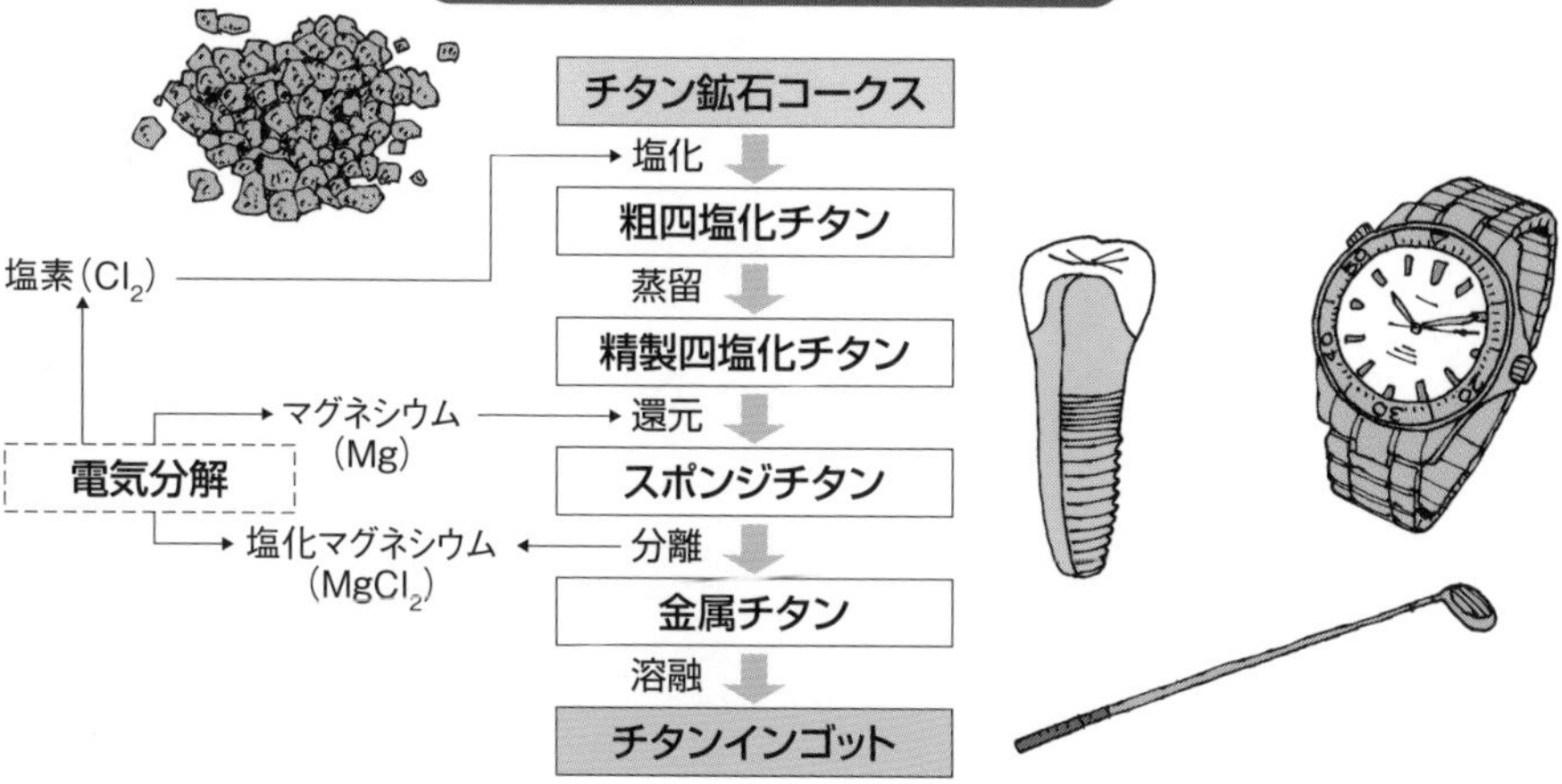

13 その他合金

添加物と組成により さまざまな特性を得る

合金とは単一の金属元素からなる純金属に対して、複数の他の元素を添加し性能を向上した金属の総称です。主に強度、耐食性、耐熱性、耐摩耗性、伝導率、磁性、熱膨張性、融点、振動吸収性などの向上が目的とされます。組成の割合を調整することで、さまざまな用途に応じた性能を持つ合金が生産され、産業界において広く利用されています。

マグネシウム合金の特徴はアルミニウム合金と似ていて、軽量で切削性に優れます。比重はマグネシウム（1・74）の方がアルミニウム（2.7）より小さいため、比強度は高く、より軽量化が可能です。また電磁波シールド性や振動吸収性が良く、比熱が小さいという特徴があります。切削加工時の切り屑は燃えやすいので、取扱いには注意が必要です。

ニッケル合金は耐食性、耐熱性に優れます。また加工性が良いことも特徴です。

亜鉛合金は高い鋳造性や良好な機械的性質を持っていて、使用量が多い金属です。特に寸法精度が出しやすく、耐衝撃性、振動吸収性に優れ、薄肉形状に対しても強いので、複雑な形状の鋳造も可能です。材料記号にはZDC1、ZDC2が規定されています。

アモルファス合金は、高強度、軟磁性、耐食性の三大特性を有する結晶構造を持たない非晶質金属です。液体状態から高速急冷で作られ、その機能に応じた分野で利用されます。

その他に金属が持つ機能によって名称がついている合金があります。超塑性合金、超耐熱合金、制振合金などがその例です。超塑性合金は粘弾性の性質を持つ合金で、制震ダンパーなどに用いられます。制振合金には「複合型」、「強磁性型」、「転移型」、「双晶型」などがあり、運動エネルギーが熱エネルギーに変化して振動を吸収します。それぞれの合金の機能や長所、短所を理解し、用途に合った合金を選択することが重要となります。

要点BOX
- ●合金の特性は金属組成によって多種多用
- ●機能や長所、短所を理解して選択する

マグネシウム合金の特徴

●比重が小さい

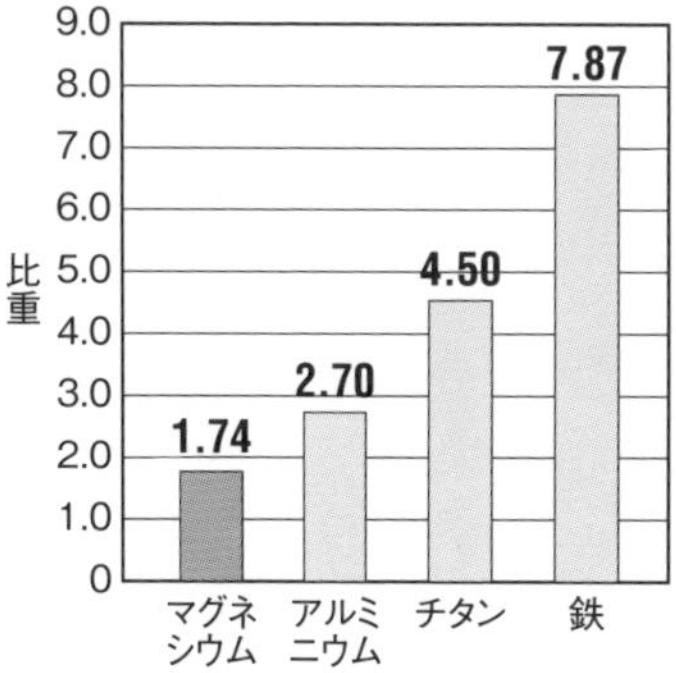

●比強度が高い

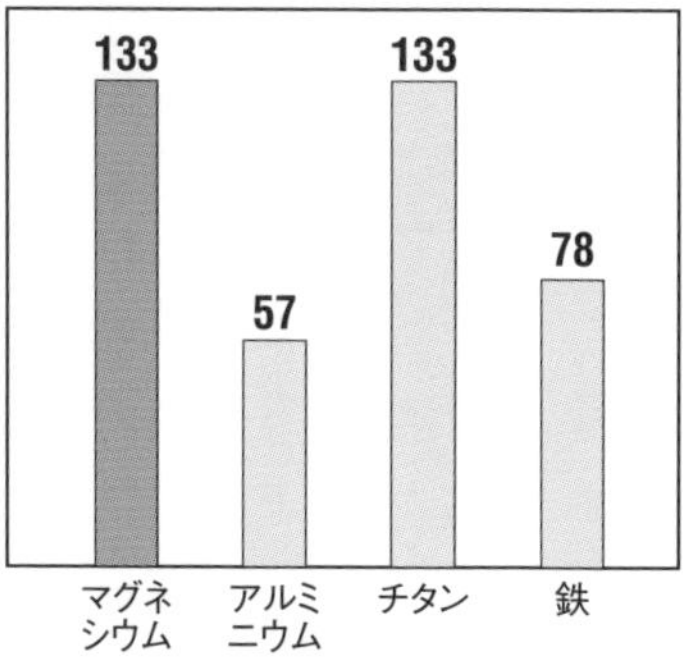

●減衰能に優れる（振動吸収性に優れます）

●耐くぼみ性が高い（衝突時のくぼみが小さい）

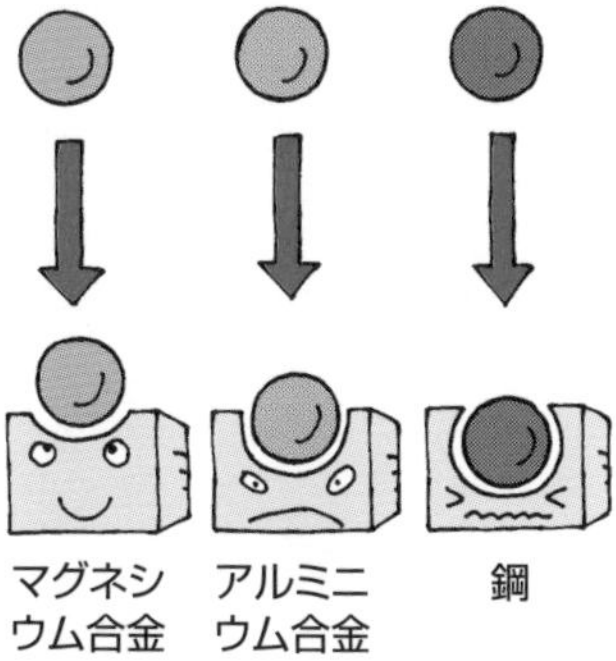

●電磁波シールド性が良い

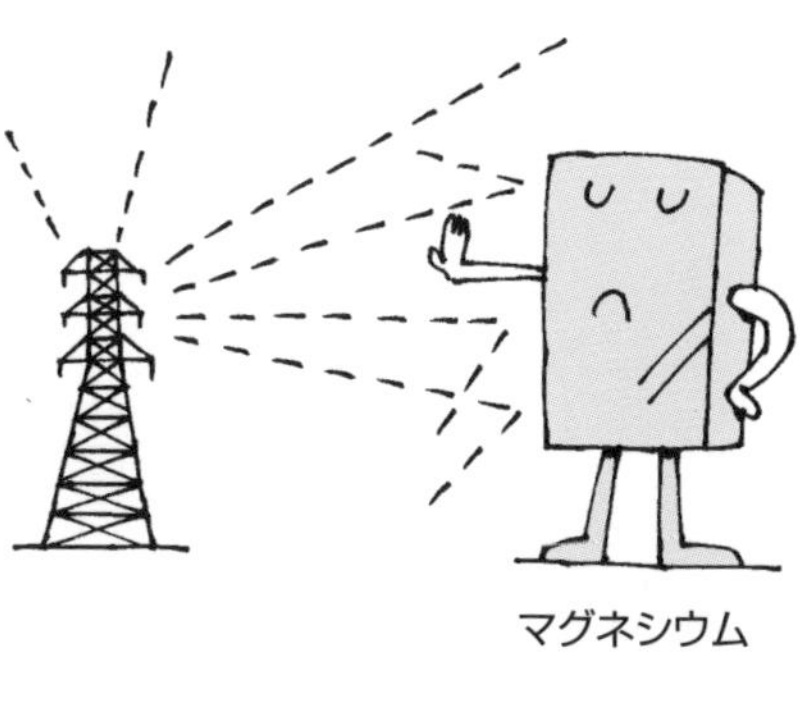

●切削性が良い

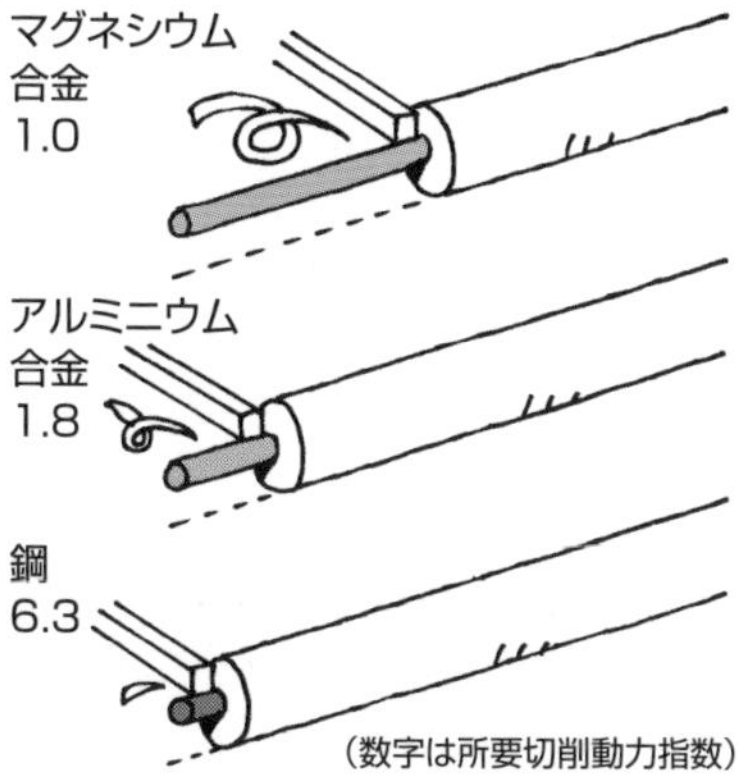

（数字は所要切削動力指数）

14 繊維強化金属（FRM）

金属と繊維を組み合わせた複合材料

複合材料としてよく知られる材料に繊維強化プラスチックがありますが、繊維強化金属（FRM：fiber reinforced metal）は、金属と繊維を組み合わせた複合材料であり、通常の金属よりも機械特性に優れているのが特徴です。

FRMは、アルミニウムやチタンといった金属の中に、強度や弾性に優れたボロン、タングステン、アルミナ、炭化ケイ素など繊維状の材料を組み合わせることで、軽量でかつ強度、剛性、耐摩耗性といった特性を上げることが可能になります。ほかの複合材料より熱伝導率が高い、熱膨張係数が小さい、導電性が高いといった特性もあります。

自動車部品は耐摩耗性や耐熱性、放熱性が求められる一方で軽量化が必要となります。鉄をアルミニウムに置き換えることで軽量化することができますが、強度や剛性などの性能を十分に発揮することが難しくなります。そこでセラミック粒子および繊維などを組み合わせたFRM、MMC（10項参照）の金属を用いることで、性能を向上させることができます。具体的には、軽量かつ耐熱性が要求される自動車エンジン用ピストンでの応用例などがあります。

しかし、FRMやMMCの実用化は現在のところ限定的となっています。これは材料の製造が複雑であり、大掛かりな装置が必要になるためです。また、特有の機械特性を有するために機械加工がしにくい難削材となり、二次加工が困難になります。よって、製品に適用する場合は、使用材料の機械特性が、その製品自体の性能にも大きな改善をもたらす場合に使用することが多くなっています。一方で炭素繊維強化プラスチック（CFRP：19項参照）は金属の代替として活用される場面も増え、その性能も改善され続けています。

要点BOX

- 効果は見込めるが実用は限定的
- 軽量化と同時に、耐熱性、耐摩耗性、強度、剛性などが向上

金属基複合材料の構成組織と強化材の配向

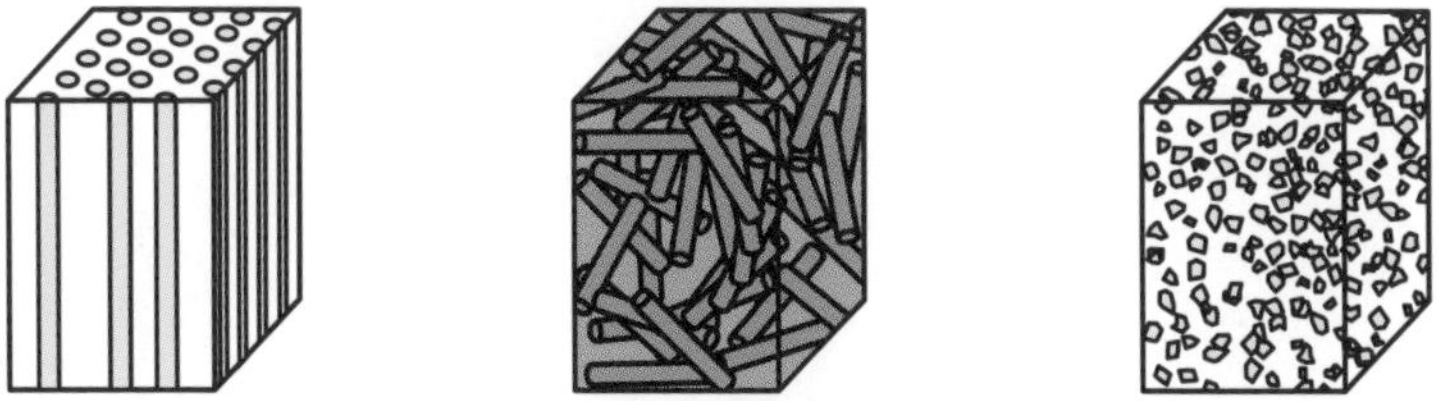

一方向連続繊維強化材（UD）　三次元ランダム短繊維強化材（3D）　粒子強化材（P）

出典:日本機械学会,機械工学便覧 デザイン編,β2-216（2006）

金属基複合材料の適用例

製品名	強化材／マトリックス金属	製法	性質・特徴	製造
ディーゼルエンジンピストン環状溝	Al_2O_3·SiO_2/Al合金	スクイーズキャスト	軽量・中高温耐摩耗性	トヨタ(1983)
ゴルフ用品、ドライバのフェース	焼成SiC/Al合金	スクイーズキャスト	軽量・耐擦過性	日本カーボン(1984)
ガソリンエンジンのコネクティングロッド	SUS細線/Al合金	スクイーズキャスト	比強度	ホンダ技研(1985)
宇宙構造物パイプ継手	SiC_W/7075	スクイーズキャスト、圧延	比強度・低熱膨張性・耐原子状酸素劣化性	三菱電機(1988)
ロータリコンプレッサのペーン	SiC_W/Al-17%Si-4%Cu	スクイーズキャスト	軽量・耐摩耗性・低熱膨張性	三洋電機(1989)
ショックアブソーバシリンダ	SiC粒子/Al合金	コンポキャスト押し出し、冷感鍛造	軽量・耐摩耗性・良熱伝導性	三菱アルミニウム(1989)
ゴルフ用品、クラブヘッド	$9Al_2O_3$·$2B_2O_3$/Al合金	スクイーズキャスト	軽量・高強度・耐擦過性	エーエムテクノロジー(1991)
ガソリンエンジンのシリンダライナ	Al_2O_3+CF/ADC12	ダイカスト	軽量・高強度・耐摩耗性	ホンダ技研(1991)
クランクシャフト、ダンパプーリ	Al_2O_3·SiO_2/AC8B	スクイーズキャスト	軽量・振動吸収・耐クリープ性	トヨタ(1992)
ディスクドライブのヘッドアーム	B粒子/Mg-Al合金	粉末焼結	高弾性・熱膨張係数制御	富士通(1993)
パンタグラフのすり板の試作	CF/Cu合金	溶湯含浸	摩擦摩耗特性・電気伝導性	鉄道総研(1997)
電磁料理器具用アルミニウム鋳物なべ	鋼繊維/アルミニウム	スクイーズキャスト	電磁加熱用	広島アルミニウム工業(1997)
2サイクルエンジンピストン	$9Al_2O_3$·$2B_2O_3$/AC8B	スクイーズキャスト	軽量・高強度・耐摩耗性	スズキ(1998)
送電線試作架線テスト	焼成SiC/アルミニウム	連続溶湯含浸	軽量・高強度・耐熱性	日立電線(1998)
放電基盤	SiC粒子/アルミニウム	特殊な溶湯含浸法	高熱伝導・熱膨張制御・軽量	日立金属(2000)

出典:日本機械学会,機械工学便覧 デザイン編,β2-219（2006）

15 金属3Dプリンタ材料

複雑で高機能な立体金属部品を作る

金属3Dプリンタを活用することで、従来の加工方法では実現できなかった複雑な形状の部品を製造でき、製品のさらなる付加価値向上を達成できる可能性があります。金属3Dプリンタにはさまざまな種類のものがあり、そこで扱われる材料の種類も非常に多くあります。金属3Dプリンタは方式によって、大きく以下の種類に分類されます。

「パウダーベッド方式」「メタルデポジション方式」「熱溶解積層（FDM）方式」「バインダージェット方式」「超音速堆積法」「液体金属堆積法」。さらに各方式の中にも金属材料を溶融させる熱源が異なるいくつかの分類が存在します。材料の供給状態はそれぞれの方式に合わせて、合金粉末、固体材料、液体金属などがあります。

造形精度が良く、現在普及が進んでいる「パウダーベッド方式」の粉末材料の種類には、マルエージング鋼、ステンレス、インコネル、純チタン、アルミニウムなどがあります。マルエージング鋼は、航空・宇宙分野の構造材として開発された、高硬度で、高い靭性を有する特殊鋼です。アルミニウムは、1000番系から7000番系まで添加物によって特性の違うアルミニウム合金が存在します。金属3Dプリンタで使用されるものは、〝AlSi10Mg〟というアルミニウム合金鋳物に分類される材料が代表的です。

熱溶解積層（FDM）方式は樹脂のFDM方式3Dプリンタ（20項参照）と同様にフィラメントで供給されます。金属用は樹脂結合剤が混ぜ込まれており、造形後に脱脂処理を施して結合剤を除去する必要があります。素材はステンレス鋼やインコネル、銅、チタンや工具鋼などを扱うことができます。

金属3Dプリンタ用の材料は研究開発が盛んであり、新しい特徴を有した材料が頻繁に提供されます。装置メーカーや材料メーカーからの技術動向を常に捉え、適切な材料を使いこなすことが必要です。

要点BOX

- ●方式によって異なる材料が提供される
- ●新規開発が盛んであり、技術動向を常に要チェック

金属3Dプリンタの代表的な方式

方式	使用熱源による方式	材料形態
パウダーベッド方式	レーザビーム方式	合金粉末
	電子ビーム方式	合金粉末
メタルデポジション方式	レーザビーム方式	合金粉末
	アーク放電方式	合金ワイヤ
熱溶解積層(FDM)方式	後工程で焼結	固形材料
バインダージェット方式	液体のバインダーを噴射 後工程で焼結	合金粉末
超音速堆積法	熱源が不要	合金粉末

金属3Dプリンタに使用される主な粉末金属材料

名称		成分	特徴	用途(一例)
鉄鋼系	マルエージング鋼	Ni, Co, Mo	高硬度	金型、機械部品
	ステンレス	SUS316L	耐食性	一般機械部品、食品・薬品製造機部品
アルミニウム系		ダイカスト材(ADC12相当)	軽量	アルミニウム製機械部品、その他多用途
チタン系		TiAl6V4	軽量、生体との親和性	航空機、インプラント等医療分野
インコネル系		インコネル718(Ni, Cr, Nb)	耐熱性、高強度	航空機、自動車関連
銅系		純銅、銅合金	熱、電気伝導性	熱機器、電気機器

パウダーベッド方式の造形システム

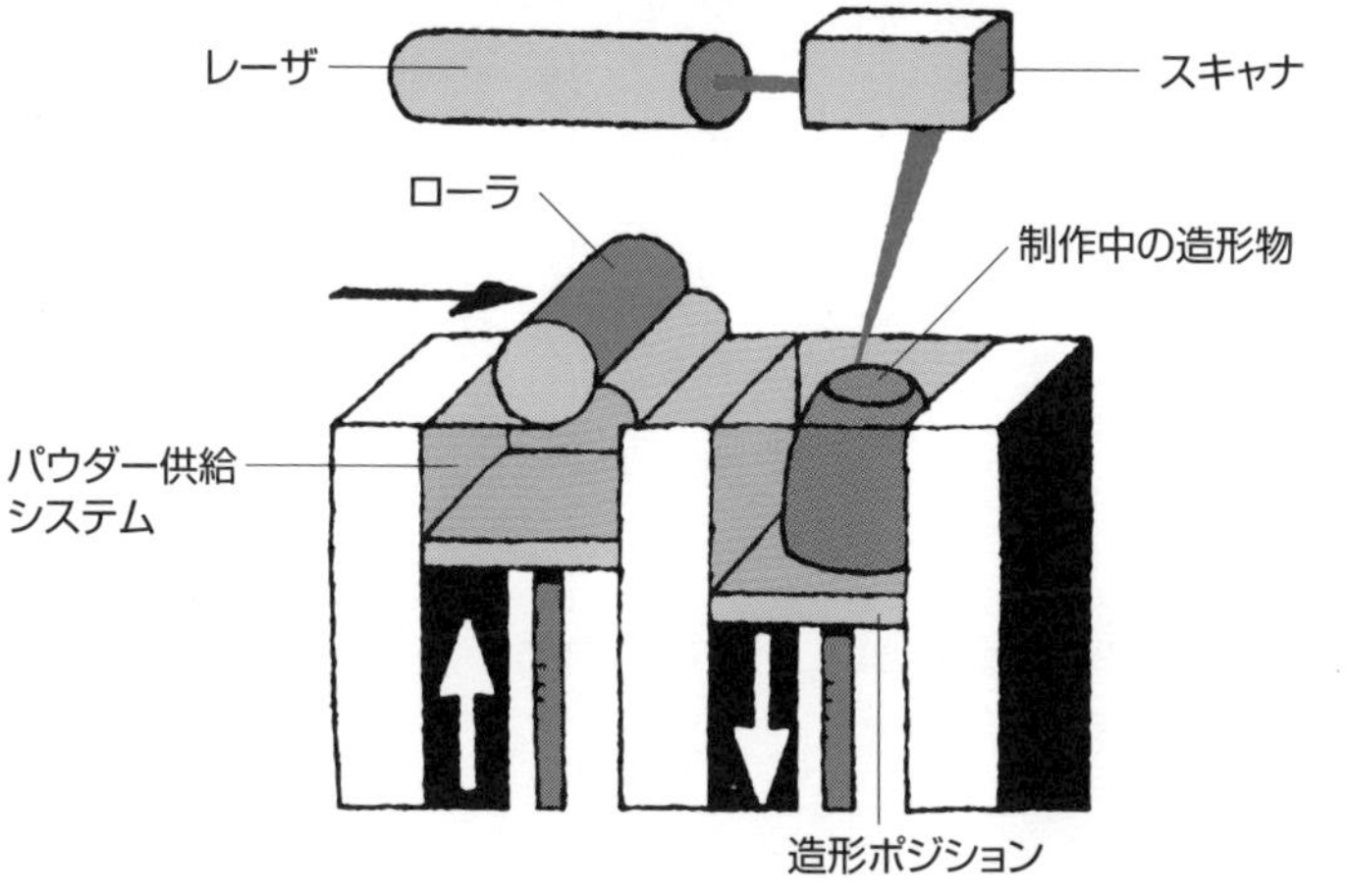

16 磁性材料

磁気的な特性を持ち利用される材料

磁石の歴史は古く、紀元前には発見されていました。しかし、実際に人工的に製作され機械材料として使用され始めたのは、20世紀に入ってからです。その後、より強い磁石が求められ続けています。

磁性材料は鉄（Fe）、コバルト（Co）、ニッケル（Ni）を含有することが多く、軟質磁性材料と硬質磁性材料に大きく分けられます。軟質磁性材料は保磁力が弱く、回転機や磁気ヘッドに使用されます。硬質磁性材料は永久磁石材料とも呼ばれ、以下のような磁石が代表的です。

フェライト磁石は、鉄酸化物粉末を主原料とした最も一般的な黒色系の磁石です。焼結体の強度が大きい一方で比重は小さいのが特徴です。また、電気抵抗が大きい点も挙げられます。単位エネルギーあたりの価格が安く、化学的に安定しているため、最も大量に使われる永久磁石材料です。例えば、モータ、スピーカなどの電子機器に広く使用されています。

ネオジム磁石は、ネオジム、鉄、ホウ素を原料とする磁石で、高い磁力を持ちます。現在存在している磁石の中でも特に強力です。機械的な強度は高いのですが、錆に弱いためめっき加工して使用されます。スマートフォンやハードディスク、産業ロボットや電気自動車のモータなど、多様な分野で活用されています。サマリウムコバルト磁石は、素材にサマリウムとコバルトを使用しています。ネオジム磁石に次ぐ高い磁力を持ち、熱に強いのが特徴です。高温の中でも磁力が求められるセンサや錆びにくい性質から医療機器のセンサ部に使用されることもあります。

このように、磁性材料はその性質を利用して新しい付加価値を与えることが可能であり、今後もさまざまな応用が期待される機械材料です。

要点BOX

●より強力かつ耐熱な磁石が求められる

●モータの小型化に寄与

永久磁石界磁式DCモータの構造（フェライト磁石）

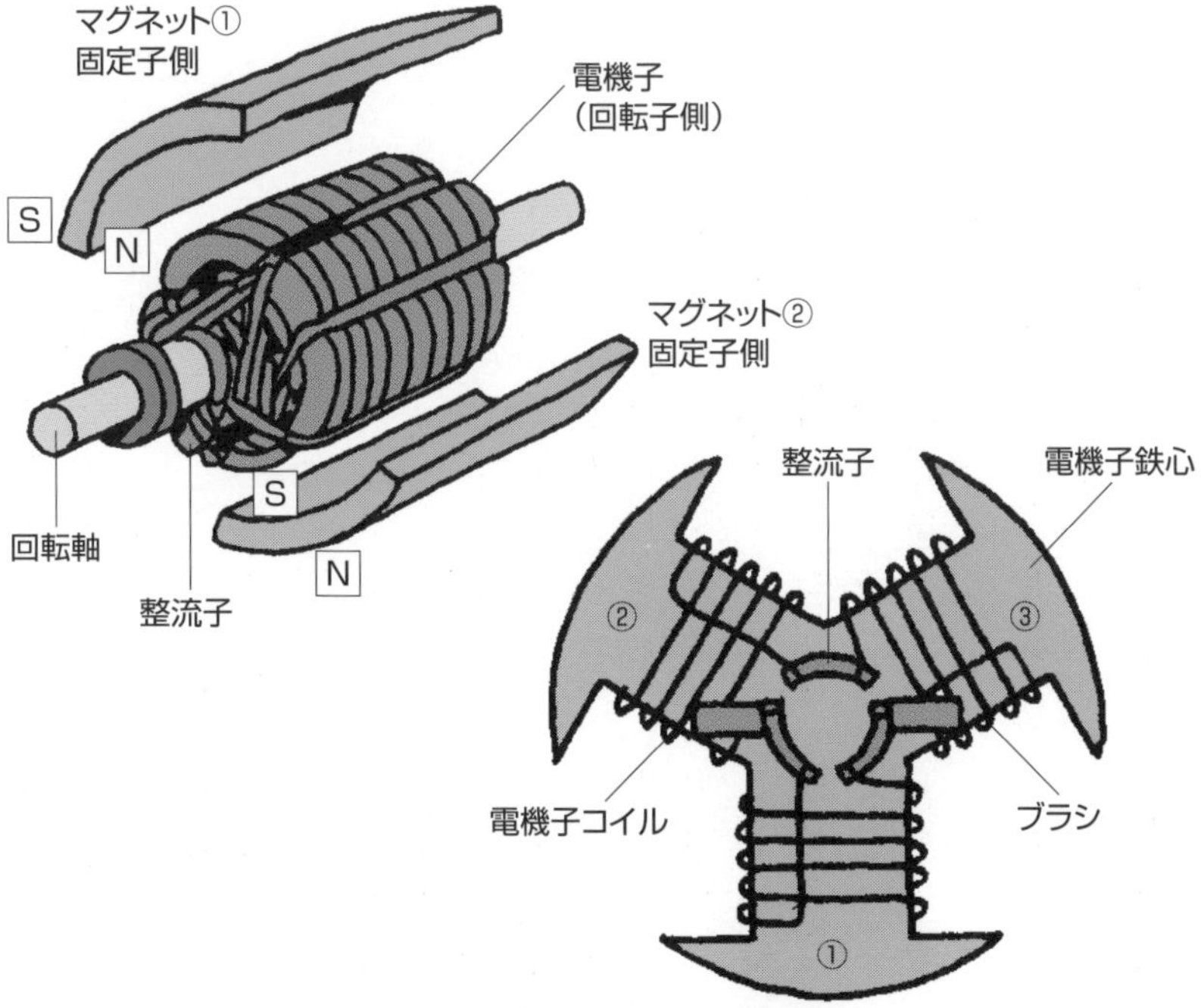

ネオジム磁石の使用用途例

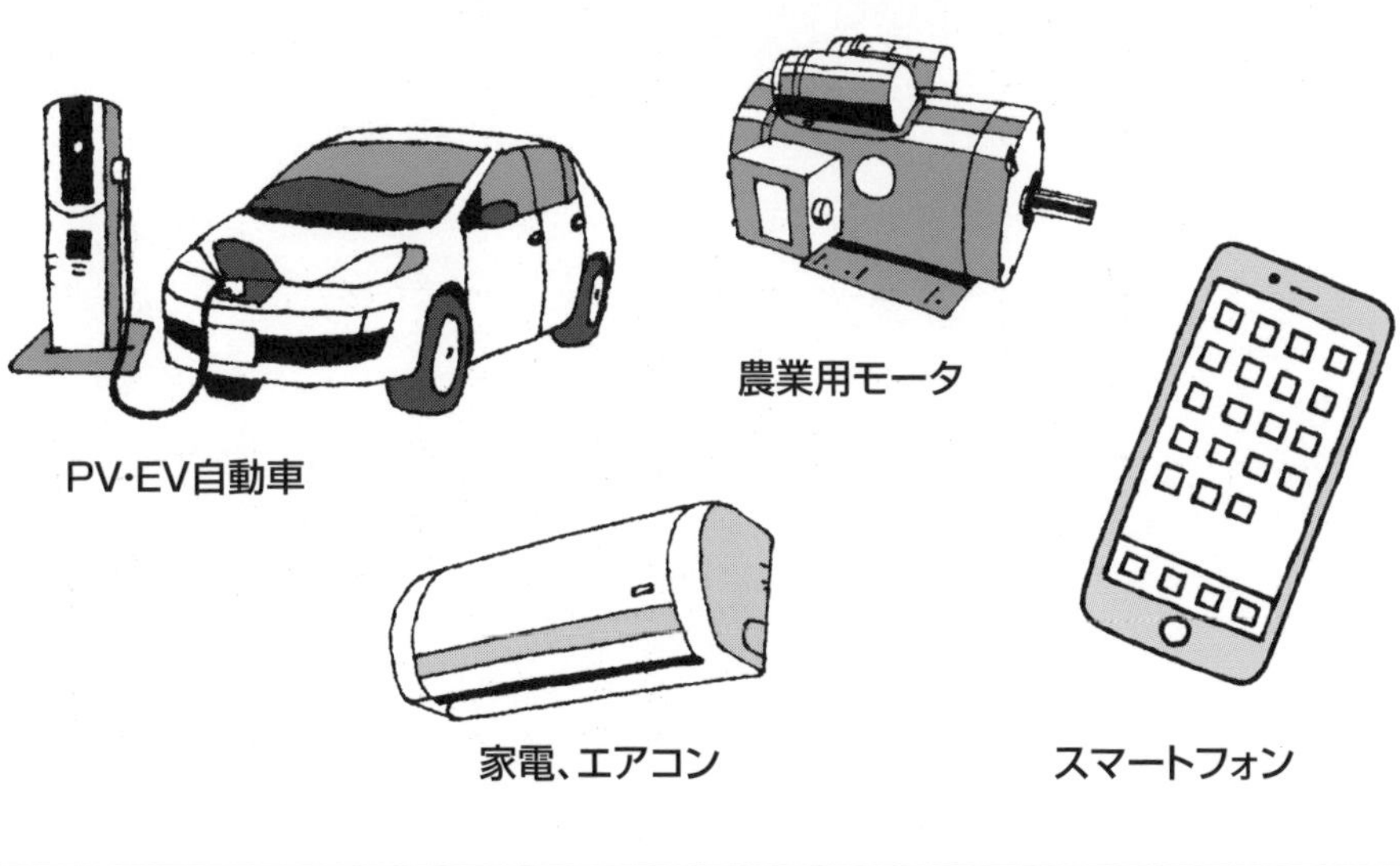

Column

レアアース（希土類元素）

埋蔵量が極端に少なかったり、技術やコストの面から抽出するのが難しい金属資源を総称して「レアメタル」といいます。また、「レアアース」はレアメタルの一種で、元素周期表の第3属に属するスカンジウム、イットリウムにランタノイドの15元素を加えた17種類の希土類元素の総称です。「レアメタル」と「レアアース」は異なる分類なので注意して使い分けましょう。

レアアースは現代社会を支えるさまざまな分野で使用されており、光ファイバ、レーザ、蛍光体、強力磁石、光磁気ディスク、排ガス浄化用・環境触媒、磁性半導体など、特に自動車や家電には多くの製品の一部に使用されています。

例えば電気自動車などの電気モータに使われるネオジム磁石にはネオジムやジスプロシウムが用いられています。ネオジム磁石は磁束密度が高く、非常に強い磁力を持ちます。さらに、ジスプロシウムを添加すると保持力が向上し、熱に強い磁石となります。そのほか、セリウムは液晶ディスプレイのガラス研磨剤に、セリウムやランタンは自動車用排ガス触媒に用いられます。

一方、レアアースは需要と供給のバランスに問題があることも知られています。日本のレアアースの消費量は世界全体の消費量に対して割合は高く、その大部分は世界産出量の多くを占める中国からの輸入に頼らざる得ないのが実状です。レアアースは「軽希土類」と「重希土類」に大別されますが、特にジスプロシウムなどの「重希土類」は現在のところ中国の特定の鉱床でしか確認されていないために調達リスクが高くなっています。また「軽希土類」は比較的世界の広い地域に分散していますが、採掘には危険が伴うこともあり、コスト的に採算が合わない状況があるため、安定的な供給には課題が残っています。

このような状況の中、レアアースの代替材料や省資源化の研究開発が進んでいます。特に「レアアースショック」といわれた過去の急激な価格上昇による変動を経験した際には、その必要性が高まりました。同時にリサイクル技術も進んでおり、いわゆる都市鉱山と呼ばれる廃棄物からの分離精製技術は、今後の進展が期待されています。

第3章

非金属系機械材料

17 熱可塑性プラスチック

安価に自由な形状が成形可能

熱可塑性プラスチックは熱を加えると溶け、冷やすと硬くなり、再度熱すれば溶ける性質を持ちます。熱可塑性プラスチックは熱により分子運動が激しくなり軟らかくなるため、さまざまな形状にすることができる優位性を持ちます。また、リサイクルによる再利用が可能なことも利点です。

成形には射出成形（インジェクション）や押出成形、ブロー成形などの方法が用いられます。射出成形は加熱溶融させた材料を金型内に射出注入し、冷却・固化させることによって、成形品を得る方法です。

熱可塑性プラスチックは冷却という物理変化だけで固化するために、成形速度が速く、工業的に大きな意味を持っており、大量生産に有利な材料です。

また、材料の種類は多岐に渡り、主に耐熱性によって種別されています。最も一般的なプラスチックは汎用プラスチックと呼ばれ、柔軟で加工しやすいため、私たちの身近にあるプラスチック製品のほとんどはこのタイプです。耐熱温度は100℃未満で、代表的な材料としては、塩化ビニル樹脂、ポリエチレン、ポリスチレン、ポリプロピレンなどがあります。

次にエンジニアプラスチックと呼ばれる耐熱性が100℃以上で機械的強度や耐摩耗性などに優れている種類があります。変形ポリフェニレンエーテル（PPE）、ポリカーボネート、ポリアミド、ポリアセタール、ポリブチレンテレフタレートは5大汎用エンプラと呼ばれています。

さらにはスーパーエンジニアリングプラスチックという耐熱性が150℃以上と高い種類の材料も存在します。

材料特性は耐熱性以外にも透明性、耐薬品性、強度などに特徴を持つため、設計したい製品の特徴に合わせて選択することが重要になります。

要点BOX

- ●熱を加えると溶け、冷却すると固まる
- ●種類が多くあり、特徴を捉えて使い分ける
- ●リサイクルに向いたプラスチック

プラスチックの分類

- プラスチック
  - 熱可塑性プラスチック
    - 汎用プラスチック
    - エンジニアリングプラスチック
      - 汎用エンジニアリングプラスチック
      - スーパーエンジニアリングプラスチック
  - 熱硬化性プラスチック

射出成形（インジェクション）

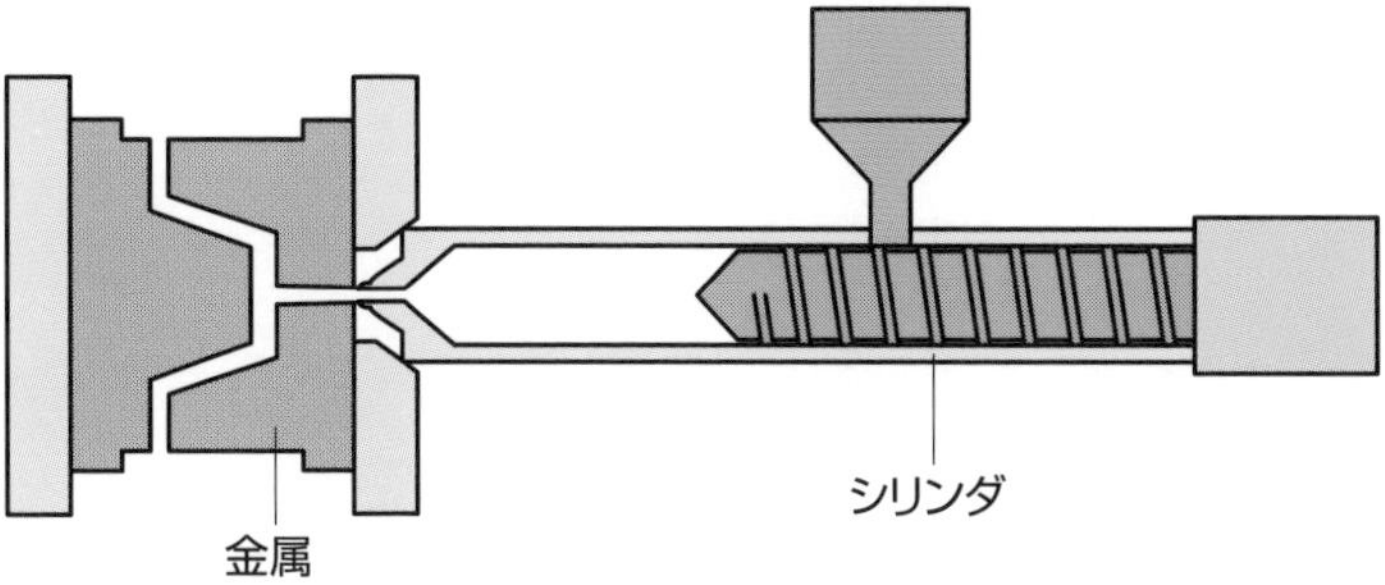

型締め→射出→保圧→冷却→型開き→製品の取出し

成形条件は複数の条件の組み合わせによって決まる

●成形機のシリンダ温度　●射出速度　●金型温度

最適な成形条件出しには習熟した技術と経験が必要となる

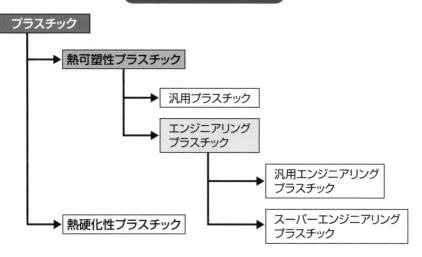

18 熱硬化性プラスチック

耐熱性があり工業的にも利用価値が高い

熱硬化性プラスチックは加熱すると次第に硬くなり熱によって軟化しない、という熱可塑性プラスチックとは逆の性質を持ちます。

身近には灰皿やフライパンの取手などの耐熱性が要求される箇所に使用されています。

材種としては、フェノール樹脂、ユリア樹脂、メラミン樹脂、不飽和ポリエステル、エポキシ樹脂、ポリウレタンが代表的です。

熱可塑性プラスチックが鎖状高分子であるのに対し、熱硬化性プラスチックは高分子同士が架橋することによって、3次元的な網目構造の分子を作っています。したがって、高温にしても分子運動がしにくいため耐熱性が高く、耐薬品性も良好です。さらに長期安定性や絶縁性にも優れるため、電気部品等に広く適用されています。

熱可塑性プラスチックの成形方法が、予め化学反応で高分子化した原料（ペレット）を再融解して型に入れるのに対し、熱硬化性プラスチックは、高分子化する前の原料を型に入れて、高温で化学反応させながら高分子化および架橋させます。圧縮成形法や注型成形法が用いられます。

近年、自動車や工業製品の軽量化材料として用いられる繊維強化プラスチック（FRP）や炭素繊維強化プラスチック（CFRP）の母材にもエポキシ樹脂などの熱硬化性プラスチックが用いられます。また、絶縁性能を活かしてモータなどの電装品内部の充填剤として用いられることもあります。

絶縁材料は熱伝導率が低く、電装品では熱対策が問題となりますが、セラミックスのフィラーを混ぜて熱伝導率を10（W／m・K）以上とする樹脂も開発されています。フィラーはこのほか、圧縮強度の向上を目的に充填されることもあります。フィラーの量や種類によって成形時の流動性やコストに影響を及ぼすので、形状や用途に応じて調整することが大切です。

要点BOX

●成形時は加熱で硬化し、硬化後は熱で軟化しない
●耐熱性、耐薬品性、絶縁性、長期安定性に優れる

熱可塑性プラスチックと熱硬化性プラスチックの違い

熱可塑性プラスチックと熱硬化性プラスチックはその特徴の違いから、チョコレートとクッキーにたとえられる。

熱可塑性プラスチック	熱硬化性プラスチック
↕	↕
再度溶かして成形できる	一度焼いたら戻せない
チョコレート	クッキー

代表的な熱硬化性プラスチックの特徴

材料名	長所	短所	用途
フェノール樹脂	機械的強度、電気絶縁性、耐酸性、耐水性、安価	耐アルカリ性	積層板、電気絶縁材料、機械部品、塗料、食器
ユリア樹脂	無色透明、着色自由、電気絶縁性、成形性良好	耐水性若干悪、老化性あり	配線部品、テレビ、玩具、食器、雑貨
メラミン樹脂	無色透明、硬度大、電気絶縁性、耐水性	—	配電盤、自動車部品、化粧板、積層板
不飽和ポリエステル	電気絶縁性、耐薬品性良好、低圧成形可能、強靭	—	絶縁テープ、自動車車体、強化プラスチック板、建築材、軽金属代用
エポキシ樹脂	電気絶縁性、接着性、耐薬品性良好	やや高価	ライニング、歯車、金属接着剤、金属塗料
ポリウレタン	電気絶縁性、機械的に安定、耐水性、耐老化性、接着性	—	クッション材、接着剤、吸音材料、断熱材料

19 繊維強化プラスチック（FRP）

プラスチックを母材にした軽量で高強度な複合材料

プラスチックを母材とした複合材料のうち、特に繊維を強化材にしたものを繊維強化プラスチック（以下FRP）といいます。複合材料とは、二種類以上の基材を組み合わせて元の基材にはない特性を生み出す材料のことをいいます。複合材料の力学的な特性として、軽量かつ高強度、高剛性であり、配向特性を自由に設計できるなどの特徴を持ちます。一方、プラスチックは軽量ですが、そのまま使用すると機械の構造材料としては弾性率が低いため、剛性が足りず、適用できない場合があります。これを改善するため、強化材を入れることで、軽量で高強度な複合材料にすることができます。

FRPは繊維の方向に対する剛性が強化されるため、繊維の方向が90°異なる材料同士を貼り合わせれば、平面上のどの方向に対しても強度を向上させることができます。代表的なものとしては、強化材にガラス繊維を用いたガラス繊維強化プラスチック（GFRP）があります。ガラスは熱耐性が良く絶縁抵抗も高いので、これらの機能も付与されます。

また、強化材に炭素繊維を用いることで高い強度と弾性率を実現した炭素繊維強化プラスチック（CFRP）も適用例が増えています。航空機の胴体部分や羽根の部分、そして自動車部品に至るまで、高強度で軽量化が必要な箇所に採用されています。

FRPの欠点は、製作工程が複雑となり高価なことです。また、二次加工も困難です。さらに、FRPは二種類以上の材料から構成されるためリサイクルが困難になります。一方で、最近ではこれらの課題の解決のために、基材のプラスチックに熱硬化性樹脂ではなく、熱可塑性樹脂を用いた炭素繊維強化熱可塑性プラスチック（CFRTP）の開発も進んでいます。今後、FRPをより多くの構造材料として適用していくためには、生産・加工技術やリサイクル技術の向上が期待されます。

要点BOX

- 軽量かつ強度や剛性が高い材料ができる
- 強化材の繊維、基材樹脂ともに進化している
- 加工性やリサイクル性が悪く、高価

複合材料のラインアップ

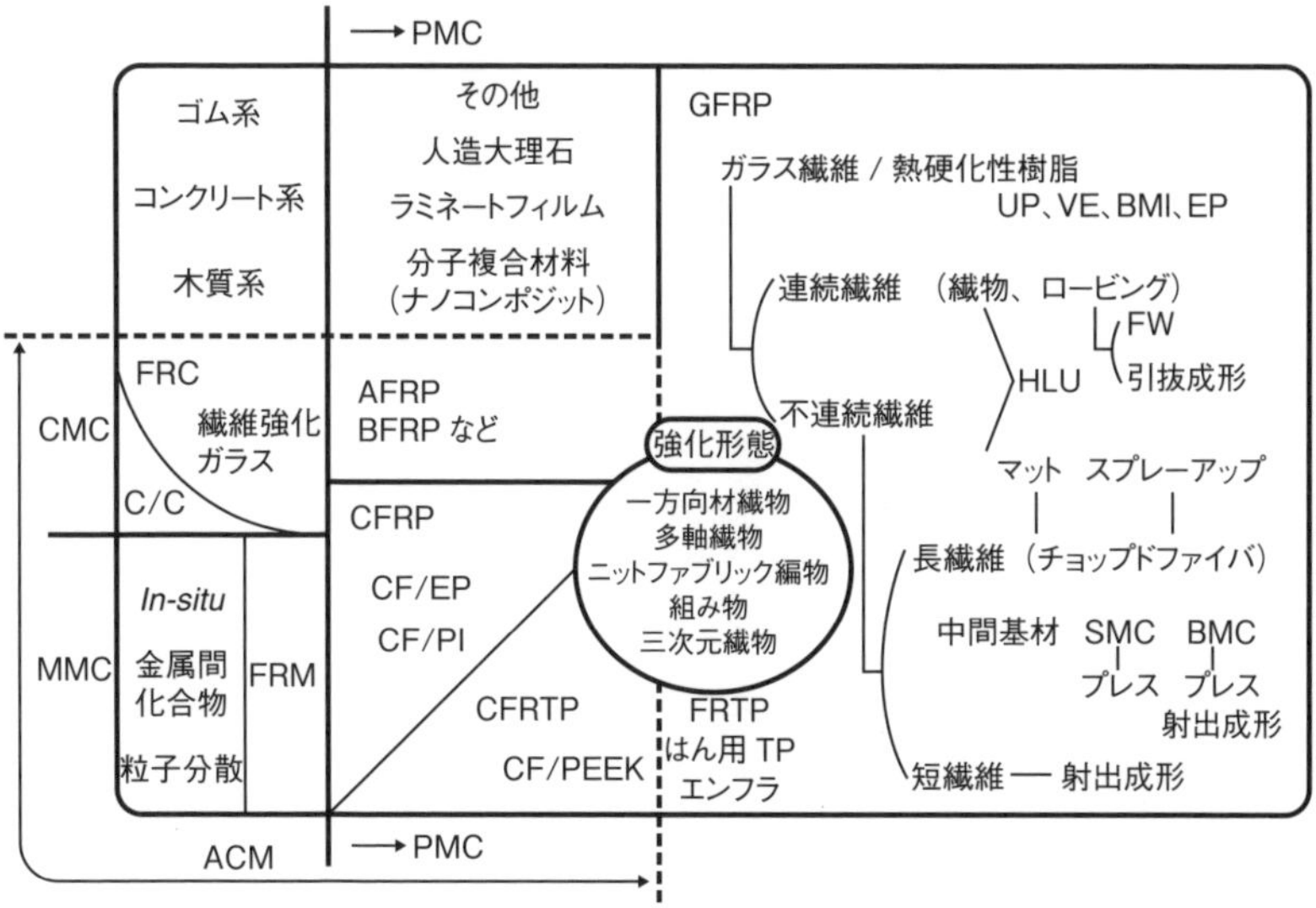

出典：日本機械学会，機械工学便覧 基礎編, α3-154 (2005)

航空機での複合材料の使用例

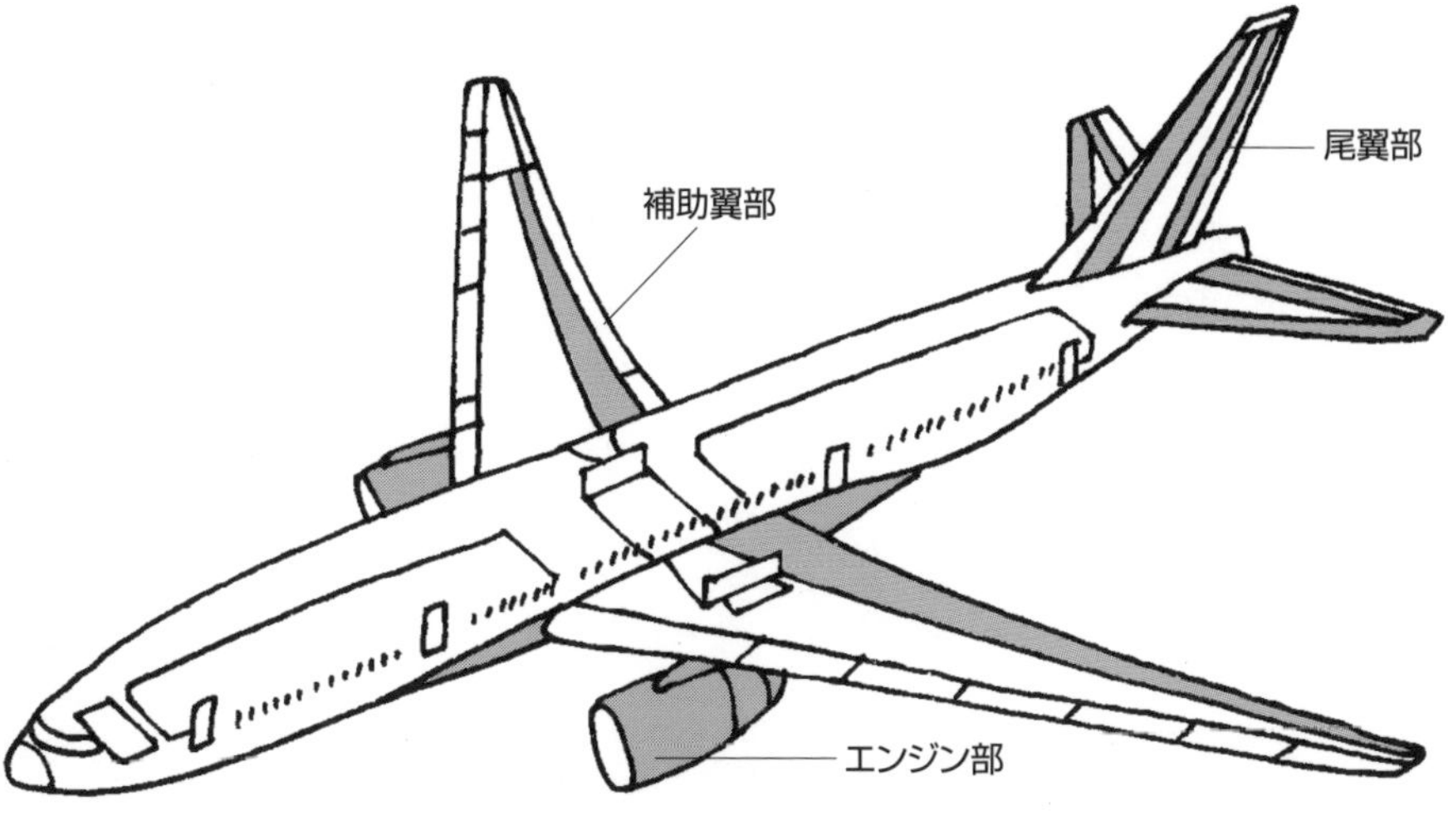

最近の航空機では本図よりさらに複合材料の利用が進んでいる

20 樹脂3Dプリンタ材料

強度や色など、選べる素材の範囲が拡大中

樹脂用の3Dプリンタにはいくつかの方式があり、さまざまな素材を使用できます。

熱溶解積層方式（FDM方式）は、フィラメントと呼ばれる細長い紐状の素材が用いられます。ほとんどの熱可塑性樹脂の材料がフィラメントとして登場しており、用途に応じて適切な素材を選ぶことが可能です。光造形方式（SLA方式／DLP方式）やインクジェット方式は、紫外線で硬化する液体のアクリル系やエポキシ系の樹脂を使用します。粉末焼結方式（SLS方式）やバインダージェッティング方式は、粉末素材を使用します。樹脂だけでなく金属粉末や石膏などの粉末状のさまざまな素材が使用可能となります。

フィラメントで準備される素材の中で用いられることが多いABS（アクリロニトリル・ブタジエン・スチレン）は、柔軟性に優れた素材で、造形後の表面塗装や研磨も可能です。ASAは耐候性ABSともよばれ、屋外用途の造形物に適した素材です。PC（ポリカーボネート）はエンジニアリングプラスチックの一種で、非常に高い耐衝撃性と透明性が特徴です。PLA（ポリ乳酸：21項参照）はトウモロコシなどに含まれるデンプン質から作られる天然由来の素材です。熱収縮を起こしにくいため扱いやすいのが特徴ですが、造形後の塗装や研磨に難があります。

光造形などで用いられる紫外線硬化の樹脂はアクリル系とエポキシ系に分けられます。それぞれにABSライクやPP（ポリプロピレン）ライクのようにABS樹脂やPP樹脂と同じように利用できますが、強度は劣る場合があります。エポキシ系樹脂では熱により硬度が増し、アクリル系樹脂では熱を加えることで軟化・溶解する特徴があります。またゴムのような弾性を持つゴムライクの素材も用意があります。

3Dプリンタに用いることができる樹脂は日々新しいものが出てきており、3Dプリンタ装置の進化もあって、カラー対応なども進化しています。

要点BOX

- 方式によって素材が異なり、フィラメントは種類が豊富
- 造形後の用途に応じて適した素材を用いること

樹脂3Dプリンタの造形方式

方式	強度	精度	造形速度
熱溶解積層方式／FDM 多くの素材があり、試作品などの簡易な造形に適する。	○	×	△
光造形方式／SLA 古くからある方式。高精細で表面が滑らかな造形物の作成が可能。	△	○	△
インクジェット方式 高精細なモデルを造形しやすく、精度が求められる造形物の作成に適する。	△	◎	×
粉末焼結方式／SLS 耐久性のある造形物の製造が可能。最終製品への適用に適する。	◎	×	△
バインダージェッティング方式 造形速度に優れ、着色も容易。デザインの確認やフィギュアなどの作成に適する。	×	×	○

FDM方式プリンタの構成

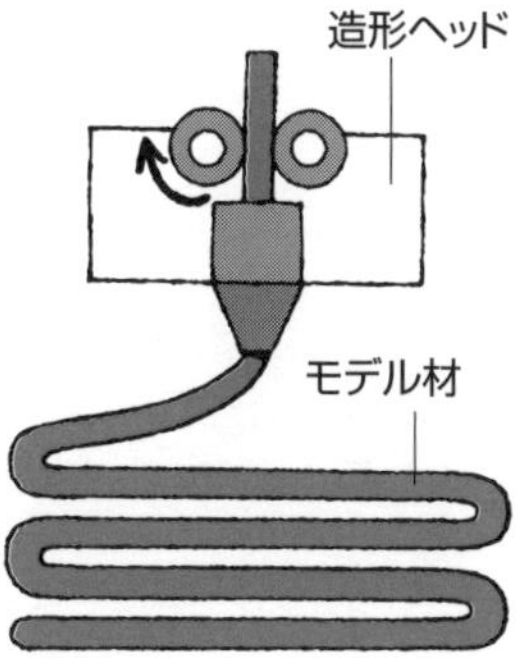

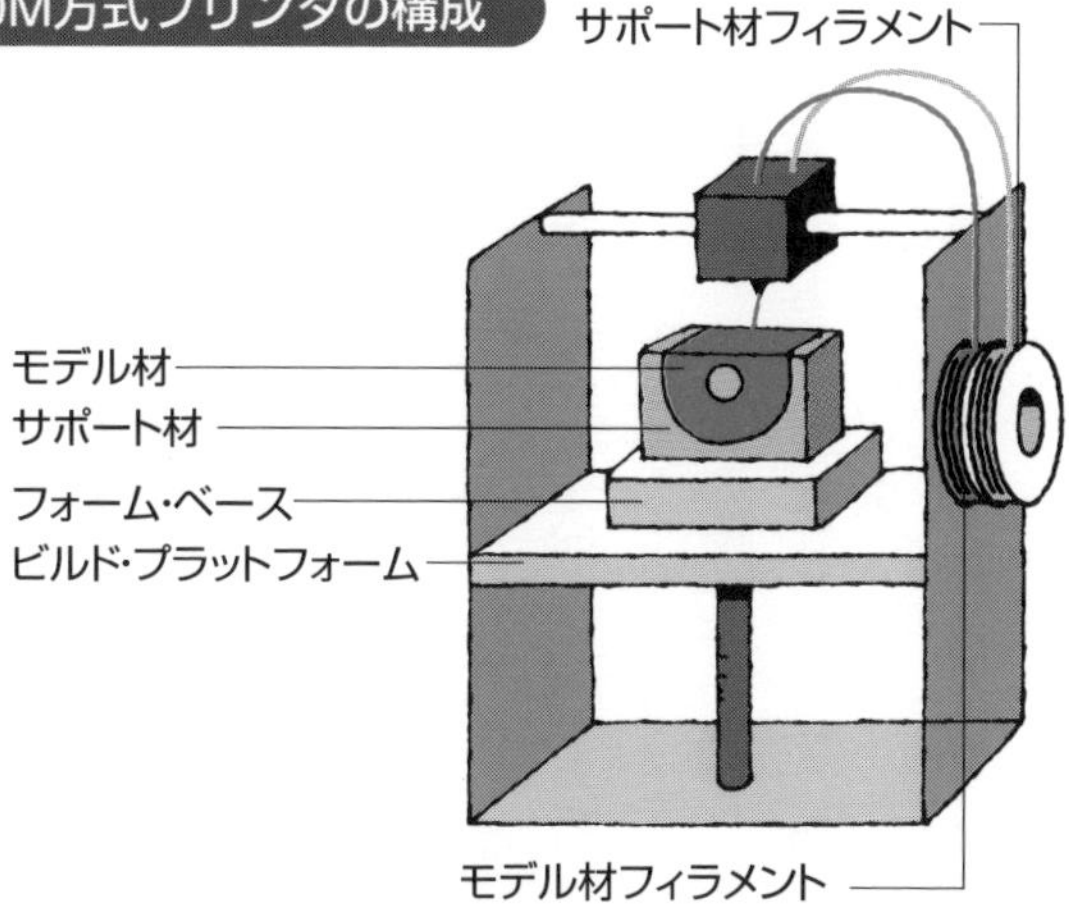

フィラメントの種類

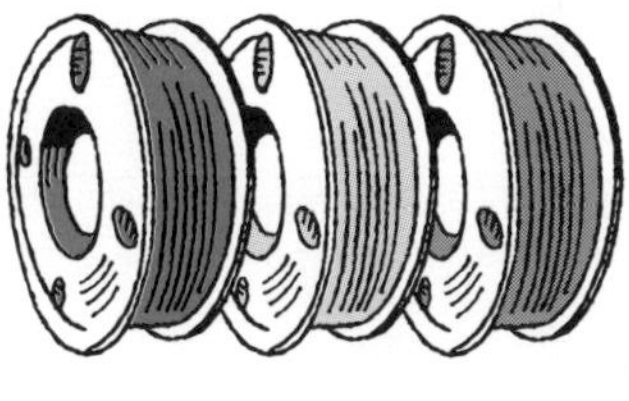

- ABS
- ASA（耐候性ABS）
- PC（ポリカーボネート）
- PLA（ポリ乳酸）
- PP（ポリプロピレン）
- TPU（熱可塑性ポリウレタン）

21 サステナブルマテリアル

SDGsの達成を実現するための材料

サステナブルマテリアルは地球温暖化対策・気候変動問題、廃プラスチックによる深刻な環境汚染問題など、世界的な環境問題の解決に役立つ材料として注目が高まっています。17のさまざまな目標があるSDGs（エス・ディー・ジーズ：Sustainable Development Goals）「持続可能な開発目標」の達成を実現するための材料ともいえます。

サステナブルマテリアルとしては、石油使用量を抑えるバイオマスプラスチックと、分解することで脱プラスチックを可能にする生分解性プラスチックがあります。バイオマスプラスチックは「再生可能な生物由来の資源が原料」で、脱炭素による地球温暖化問題の解決の一つとして研究が進められています。一方、生分解性プラスチックは微生物によって「水と二酸化炭素に分解される」樹脂で、プラスチックゴミを削減できますが、原料が石油の場合もあります。

バイオマスプラスチックと生分解性プラスチック両方の性質を持つ、PLA樹脂（ポリ乳酸：Poly-Lactic Acid）への注目が高まっています。とうもろこしやじゃがいものデンプンを主原料とし、微生物による生分解も可能なPLA樹脂は、燃焼時のCO_2排出量も非常に少なく、耐水性や耐油性に優れ、強度もあります。そのため、家電製品や自動車用パーツ、携帯電話やパソコンの外装などに使われ、3Dプリンタの材料にもなります。一方、耐熱性や耐衝撃性が弱く、成形加工が難しく高価といった課題もあります。

また、実際には外観などのデザイン性を良くしたり、加工性や各種性能を向上させるため、可塑剤、安定剤、顔料、難燃剤などさまざまな化学物質が添加されます。適用する際には、法令や要求仕様を満足するとともに、環境性や安全性に問題がないか確認するようにしましょう。

サステナブルマテリアルは循環型社会の実現に向け、今後ますます利用が進む材料といえます。

要点BOX

- ●生物由来のバイオマスプラスチック
- ●分解可能な生分解性プラスチック
- ●循環型社会の実現に向け利用が進む

持続可能な開発目標(SDGs)

PLA(ポリ乳酸)の循環サイクル

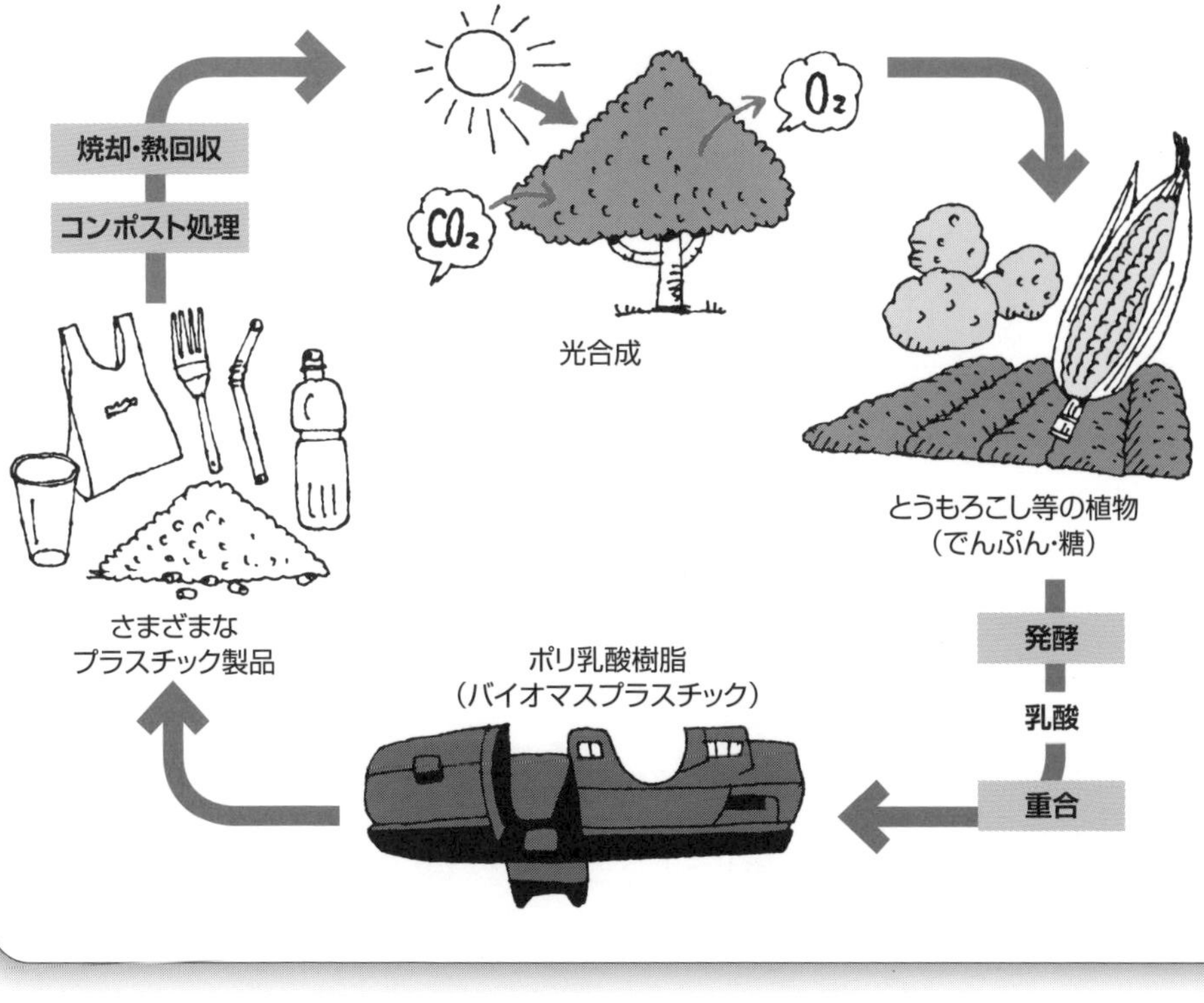

22 セラミックス

硬くて熱変形特性に優れ、種類が豊富

セラミックスは無機物を焼き固めた焼結体を指しますが、その範囲は大変広くなります。JIS R1600では工業用途であるファインセラミックスを「目的の機能を十分に発現させるため、化学組成、微細組織、形状および製造工程を精密に制御して製造したもので、主として非金属の無機物質からなるセラミックス」と定義しています。

ファインセラミックスには、アルミナやジルコニア、炭化ケイ素、窒化アルミニウムなどいろいろな種類があります。

製造技術の進化によって、使用する原料の種類や粒子の細かさ、焼き方の範囲が拡がり、違った特性を持たせることができるようになりました。

セラミックスは、一般的には硬い、軽い、変形しにくい、耐熱性がある、腐食しにくい、熱膨張が小さい、摩耗しにくい、電気を通さないといった性質があります。こういった特徴を活かし、数mにおよぶ大型サイズのセラミックスが半導体製造装置や液晶製造装置に使用されています。また、エレクトロニクスの分野では、セラミックスコンデンサなどの多くの電子部品の機能をつくる材料となっています。その他、材料としての信頼性が高いなどの優位性から自動車用部品にも多く使用されています。

しかしながら、金属材料に比べると高価で、焼結時に体積収縮が生じる、加工がしにくい、欠けやすいなどの製造時の問題や使用上の制約があり、適用する場合はその効果とコストをよく見極めることが重要です。

高温に耐え、熱膨張率も小さいので、一般的には温度変化が大きい環境やナノメートルレベルの加工精度が要求される装置には好んで用いられる傾向があります。

材料の種類も多岐に渡るので、それぞれの特性を理解し、用途に適した材料を選択しましょう。

要点BOX

- 高硬度、耐熱、耐摩耗、絶縁性が良好
- 原料の種類や焼き方によって様々な特性を持つ
- 温度差が大きい環境や高精度装置に採用される

構造用セラミックスの特徴

性質	特性	セラミックス				金属		
		ジルコニア	アルミナ	炭化ケイ素	窒化アルミニウム	超硬合金 (WC-Co)	ステンレス (SUS304)	アルミニウム
硬い	硬度、HV	1100	1800	2200	1000	1400-2000	200	30
軽い	比重 (g/cm^3)	6.1	3.9	3.2	3.4	14	7.9	2.7
変形しにくい	ヤング率 (GPa)	200	400	450	320	570	193	70
耐熱性	融点 (℃)	2700	2050	2600	>2000	1500	1400	660
腐食	耐食性	中～高				低～中		
熱膨張	熱膨張係数 ($\times 10^{-6}$/℃)	10	8	4	5	5	17	23
電気絶縁性	体積抵抗率 (Ωcm)	10^{13}	$>10^{14}$	10^{5}	$>10^{14}$	10^{-5}	10^{-5}	10^{-6}

ファインセラミックスの製造工程

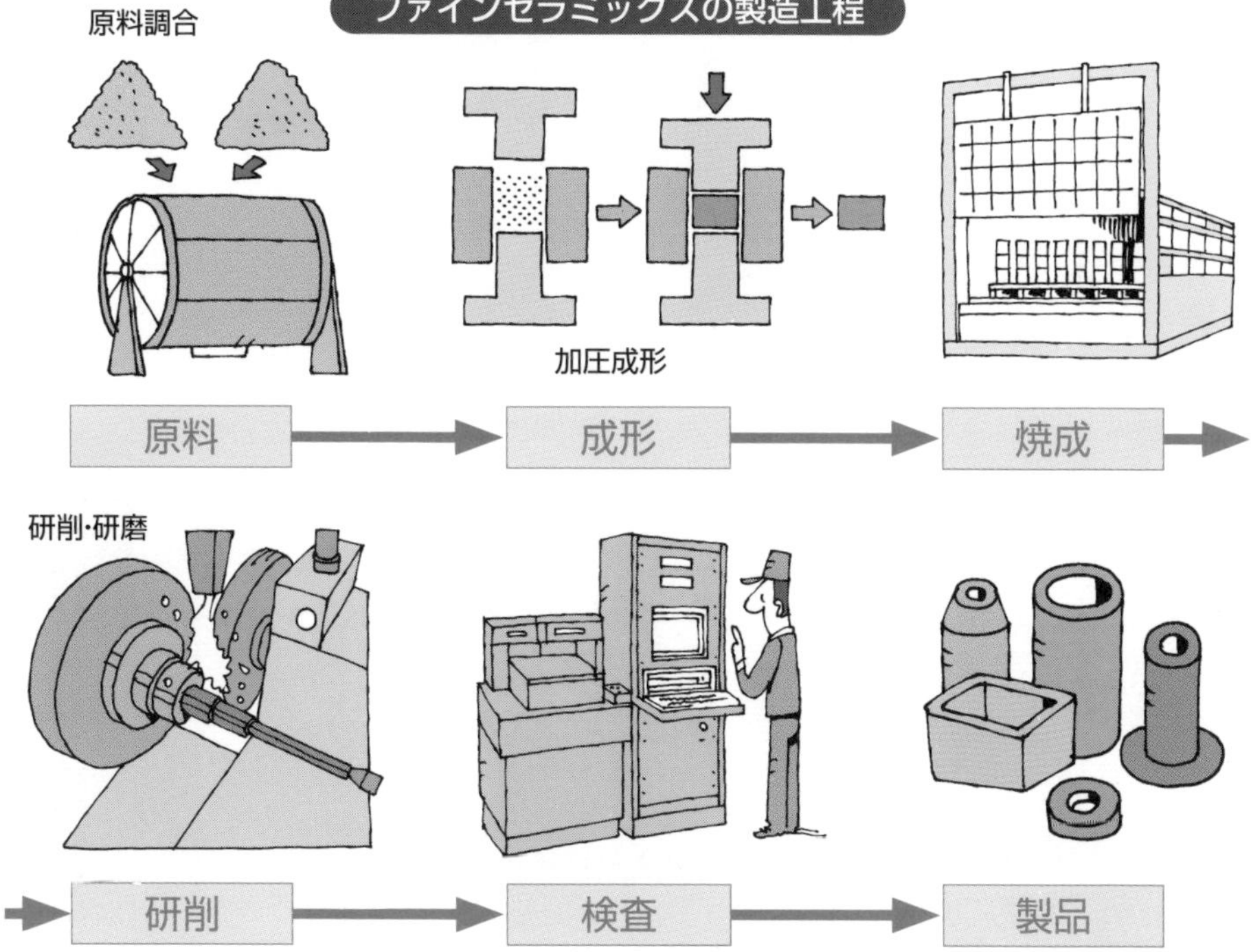

23 ゴム

緩い網目構造で変形が戻る活躍素材

ゴムは熱可塑性高分子材料の一種ですが、加硫によって熱硬化性プラスチックのように分子同士の間に架橋を持ち、3次元的に拡がった網目構造となります。熱硬化性プラスチックと異なり分子鎖が固定されていないため、常温では粘弾性という液状とガラス状の中間的な性質を示します。きわめて大きな弾性変形が可能で、また力を加えたときと抜くときでは、同じ大きさの力であってもそのひずみ量が変わります。その性質から、機械の振動や衝撃を吸収する部品として用いられるほか、密封面でのシール材としても幅広く採用されています。

ゴムは天然ゴムと合成ゴムに大別されます。代表的な合成ゴムとして、耐油性の良いNBR（ニトリルゴム）や屈曲性に優れたCR（クロロプレンゴム）が挙げられます。重合反応の際に加える強化物質を変更することで、非常に多品目の合成ゴムが作られています。「タイヤ」のように天然ゴムと合成ゴムを混合した製品もあります。

ゴムはその種類によってさまざまな性質を示します。特に使用する環境には強い影響を受けるので注意が必要です。水、油、薬品への耐性や使用可能な温度、屈曲性、劈開性（へきかいせい）などが条件になります。油や薬品がゴムへ与える影響はその種類によって大きく異なるため、使用するゴムとの「相性」は厳密に調べましょう。万が一、「相性」の悪いゴムを選んでしまうと、たとえば体積膨張と強度低下が進む「膨潤」と呼ばれる現象を起こします。また、使用する温度は、ゴムが液状となる高温側の融点のほか、ガラス状に固化する低温側のガラス転移温度にも留意しましょう。

ゴムの性質は、その原料であるポリマーに依存します。もし、新しい特性を示すゴムがどうしても必要であれば、ポリマーから開発することも考えねばなりません。設計の際は、初期のうちに使用環境に適合できるゴムを選んでおくことが大事です。

要点BOX

- ●ゴムは粘弾性を持つ熱可塑性高分子材料
- ●使用環境との「相性」に注意が必要
- ●性質はポリマーの種類によって決まる

ゴムの架橋

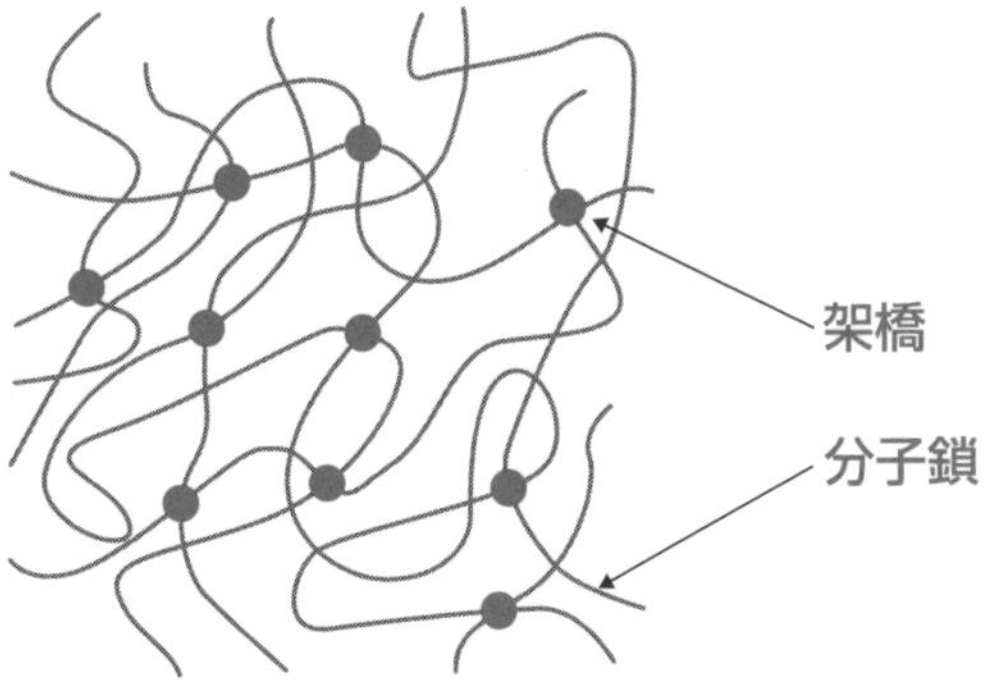

ゴム製品の例

製品例	Oリング (断面が円形の環状パッキン)	ゴムホース、コンベアベルト (自動車用ゴム部品、屋外コンベア用)
	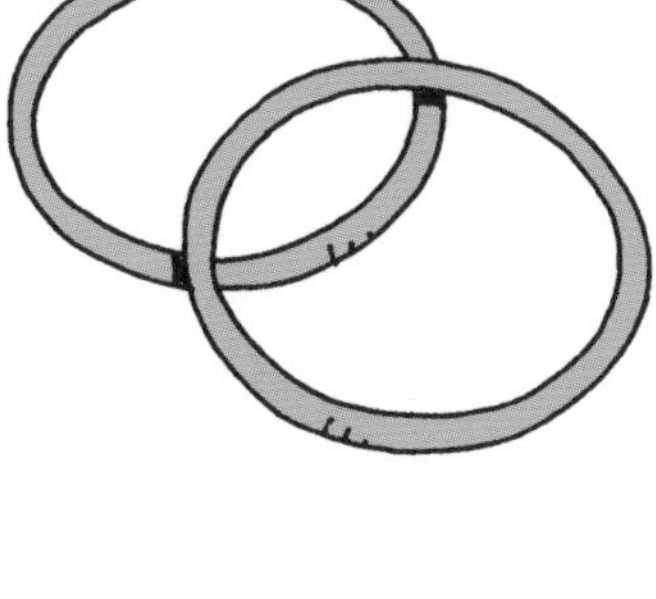	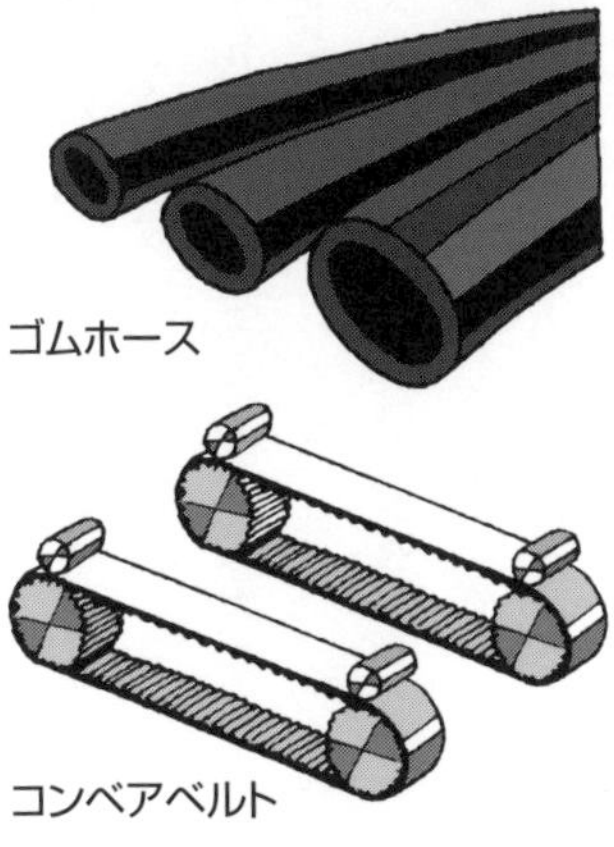
求められる性能例	耐油・耐薬品性、耐圧性、耐熱性	耐久性、耐候性、耐熱性
ゴム素材の例	NBR(ニトリルゴム) ACM(アクリルゴム) FKM(フッ素ゴム)	CR(クロロプレンゴム) EPDM(エチレン・プロピレン・ジエンゴム)

24 その他材料

さまざまな非金属系

非金属系のその他の機械材料としては、黒鉛、ダイヤモンド、木材及び木質材料、コルク、フェルト、アモルファスシリコン、ガラスなどが考えられます。

黒鉛は自己潤滑性、耐熱性、耐化学薬品性、導電性、熱伝導性に優れています。資源も豊富で軽くて錆びないという利点があります。軸受、シール、ローラ、電極などとして利用されます。ダイヤモンドは硬くて熱伝導性が良い一方、電気を通さない物質です。そのため、工具や研磨剤、ガラスカッター、大規模集積回路（LSI）用放熱板（ヒートシンク）として利用されています。

木材及び木質材料またはコルクは、軽くて加工しやすく、断熱性、耐火性、吸音性、滑り止め性、電気絶縁性、耐薬品性が高いなどの特徴があります。一方、燃える、腐るなどの欠点があるため、機械材料としては樹脂やゴムに代替されることが多くなっています。

フェルトは、羊毛と合成繊維などを混ぜ合わせて作られます。低温性が極めて高く、毛管現象で油を吸い上げる性質に優れています。そのため、シール材、給油材、防塵材、防音・吸音・遮音材、防振材として使用されます。

シリコンは非金属元素のケイ素のことで、温度、光、電界、磁界などによって電気伝導率が変化する半導体です。アモルファスシリコンは、規則正しい結晶構造を持たない非晶質のシリコンで、センサや液晶パネル、太陽電池などへの適用が進んでいます。

ガラスの主成分は二酸化ケイ素であり、透明、硬質で化学的に安定なため、寸法安定性や信頼性が高いなどの特徴があります。一方、脆く割れやすいのが欠点です。光ファイバや耐熱ガラスとしては、高純度の石英ガラスが使われます。優れた耐薬品性があり、広い波長範囲の光の透過性が良く、熱膨張や熱収縮が小さいといえます。

要点BOX

- ●黒鉛は軸受、シール、ローラ、電極として
- ●アモルファスシリコンは液晶パネルや太陽電池として
- ●ガラスは耐薬品性があり、化学的に安定性が高い

その他の材料（非金属系）

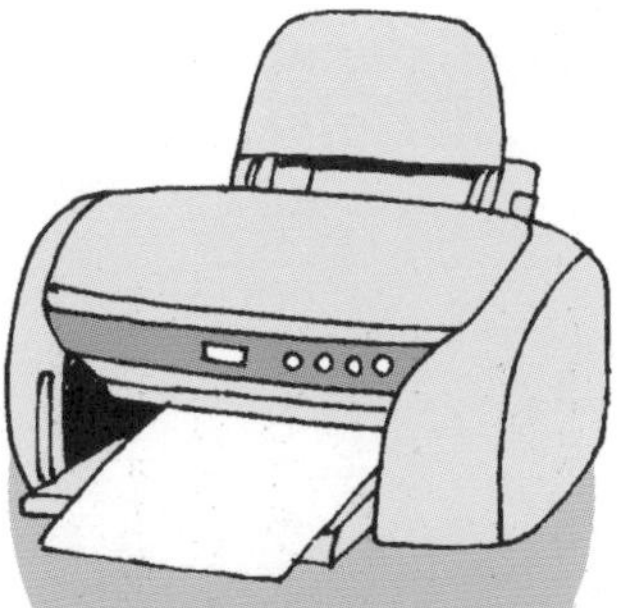

コルク

プリンタの分離パッド

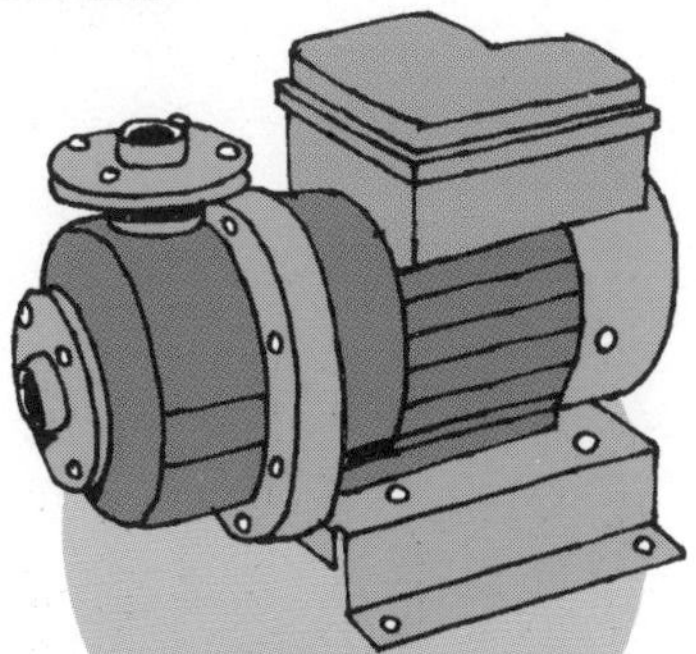

カーボン

ポンプやコンプレッサ用軸受やシール

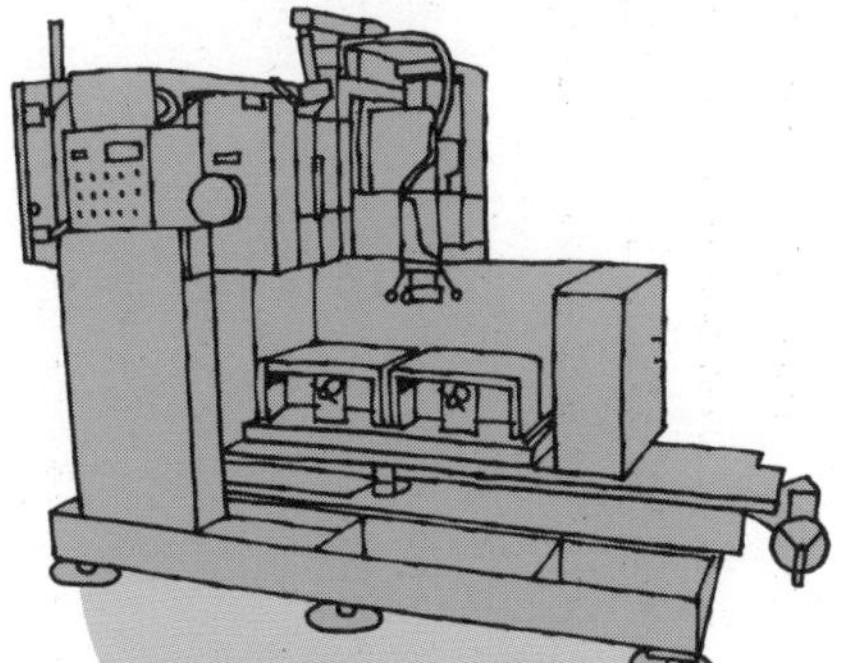

ダイヤモンド

研削盤用ダイヤモンドホイール

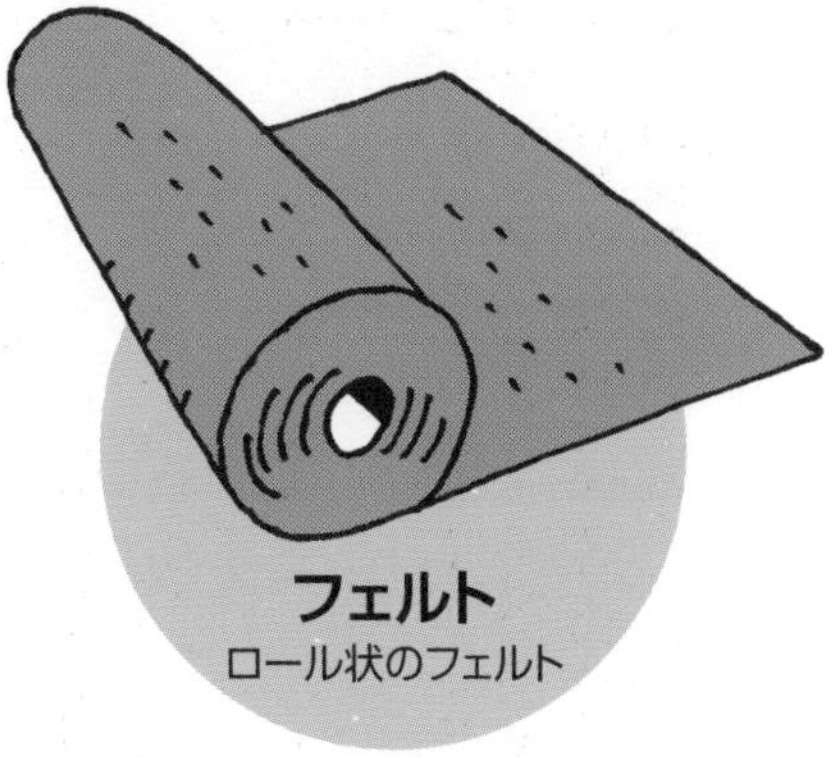

フェルト

ロール状のフェルト

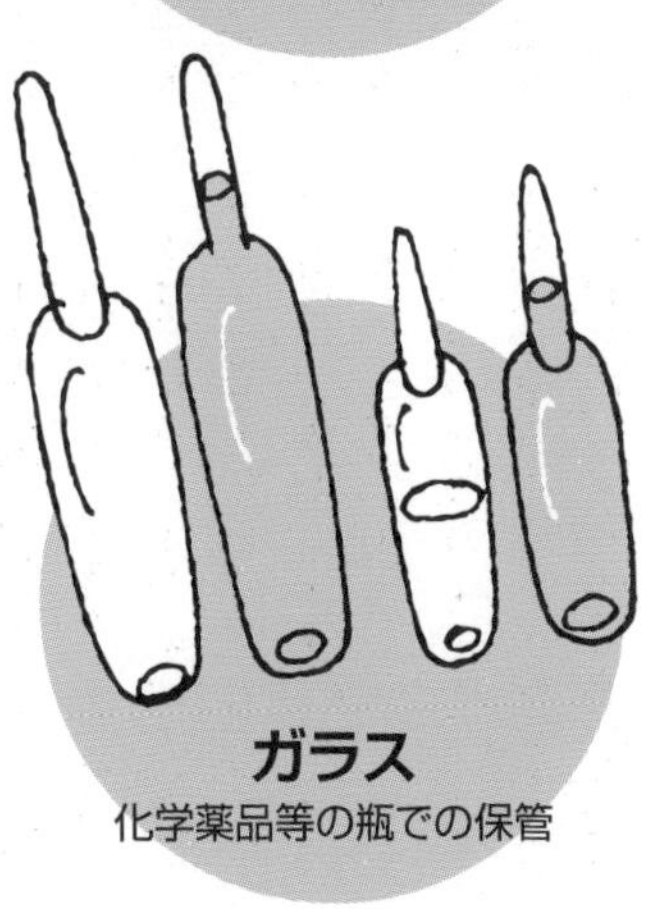

ガラス

化学薬品等の瓶での保管

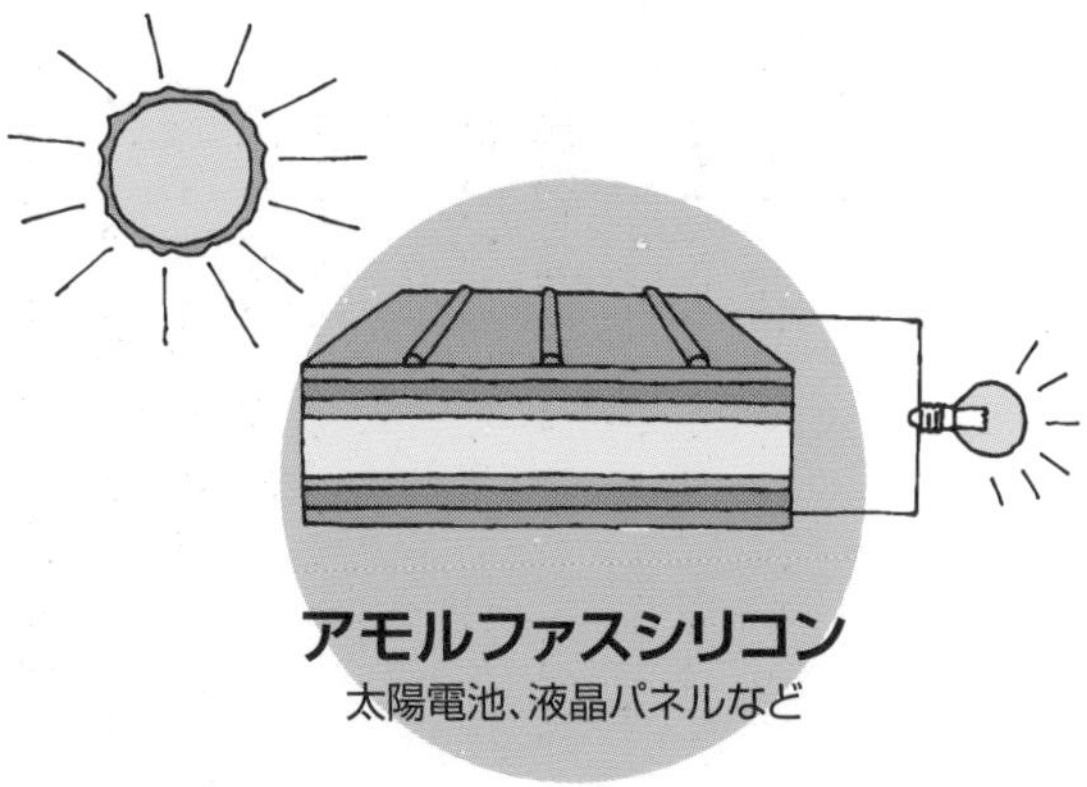

アモルファスシリコン

太陽電池、液晶パネルなど

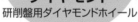

Column

3Dプリンタによる DfAM (Design for Additive Manufacturing)

近年、樹脂や金属の3Dプリンタを用いて製品やその一部の部品を製造する取り組みが進んでいます。DfAMとは3Dプリンタを活用した製造のメリットを最大に活かすための設計手法や設計ガイドラインのことを示します。

従来の製品設計の現場では、加工方法を想定した設計がなされます。例えば、切削加工では、奥で曲がった穴や中空構造など工具が入らない形状は加工できません。しかし、3Dプリンタを用いることで、従来の加工方法では困難な複雑な形状を作ることが可能となります。これまでの経験では検討せざる得なかった制約を排除することで、部品の一体化や小型化、軽量化などの機能向上が可能となります。DfAMをうまく活用することで、適用する製品の性能向上や小型軽量化などの付加価値を高めることが期待できます。

しかしながら、3Dプリンタ製造の強みを活かし、弱点を補強する設計には高度な設計スキルが必要です。そこで、さまざまなツールを用いて最適化や一般的なCADでは難しい形状の表現、機械特性の事前検証や3Dプリンタによる製造の可否確認などが必要となります。最近では各目的に特化した、いくつかのツールが活用されています。

以下にDfAMの中でよく用いられる手法について、簡単に説明します。

・トポロジー最適化、ジェネレーティブデザイン

共に最適な性能や条件を満たす形状の自動設計手法といえます。設計者が必要となる目標値や制約条件を設定すると、あとは設計ツールが自動的に形状やその候補を抽出していきます。トポロジー最適化では、自由曲線の形状が主となるので、3Dプリンタによる製造に適しています。

・ラティス(格子)構造

3Dプリンタでは内部を格子状の構造物で満たすように造形することが可能です。従来の加工方法では難しかった、軽量かつ強度のある部品を製造することができます。さらに、必要に応じて場所ごとにラティスの形状(空間幅や厚み)の調整も可能なので、より最適な特性の形状導出が可能です。

最後に、当然ながら3Dプリンタ製造にも制約はいくつかあります。それらを理解し、設計に考慮することもDfAMの重要な要素であることを忘れてはいけません。

第4章

機械材料の性質

25 応力-ひずみ線図

材料の機械的性質を求めるために利用

応力-ひずみ線図は、引張試験をして得られた公称応力σを縦軸に、公称ひずみεを横軸にとって結んだものです。ここで公称応力とは荷重を初期断面積で割った値で、公称ひずみとは長さの変化分（伸び）をもとの長さで割った値です。引張試験は、左頁上図のような引張試験機によって行われます。ロードセルによって試験片に引張荷重を加えていき、ひずみゲージによって計測します。

応力-ひずみ線図で降伏点を持つ材料として、軟鋼では引張はじめてからひずみに対して応力が直線的に変化します。この部分を弾性域といい、その傾きを弾性率または縦弾性係数（ヤング率）と呼びます。この領域では材料が伸ばされても元のひずみゼロの状態まで戻ります。この係数は、強度シミュレーションや材料力学の計算をする際に、入力するパラメータの一つです。

弾性域を超えたところは塑性域といい、応力が上昇しないでひずみだけが進行します。この塑性変形がはじまる応力を上降伏応力、その後塑性変形が進む応力を下降伏応力と呼びます。塑性域では、材料を引張って伸ばしたら元には戻らず、さらに引張り続けると破断します。この線図における応力の最大値を引張強さといいます。

一方、応力-ひずみ線図で降伏点を持たない材料として、アルミニウム合金やステンレス鋼では軟鋼のような弾性域がなく、引張りはじめから徐々に塑性します。この場合、塑性ひずみが0・2％になる値を耐力と呼び、降伏点を持たない材料の強度の目安にしています。

以上より、応力-ひずみ線図によって求められる縦弾性係数や降伏応力（耐力）や引張強さなどの機械的性質によって、機械部品の強度計算などが可能になります。そのため、図の意味をしっかりと理解することがとても重要です。

要点BOX

- 降伏点を持つ材料には弾性域と塑性域がある
- 降伏点を持たない材料は弾性域がなく徐々に塑性する

引張試験機

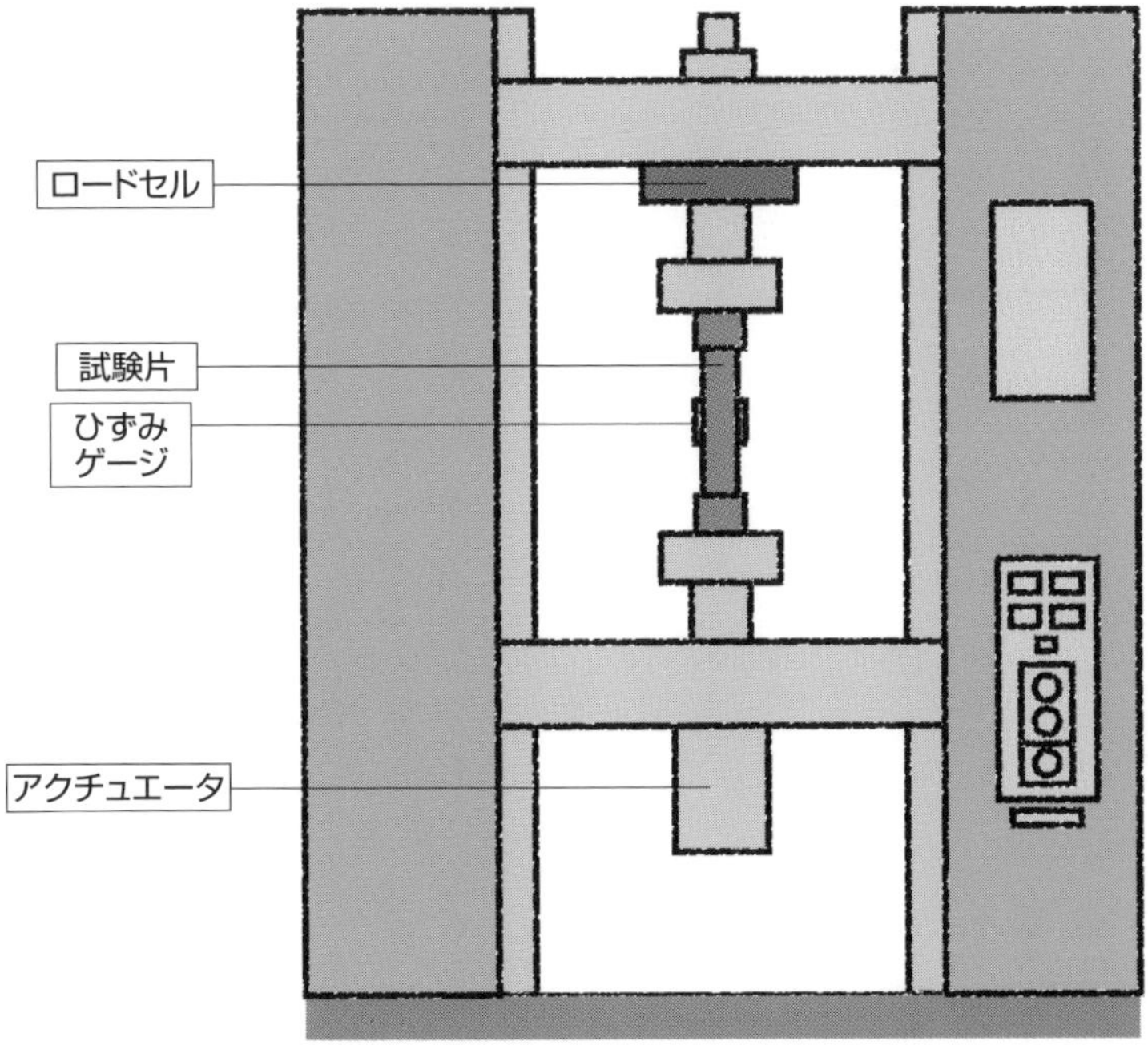

応力ーひずみ線図（模式図）

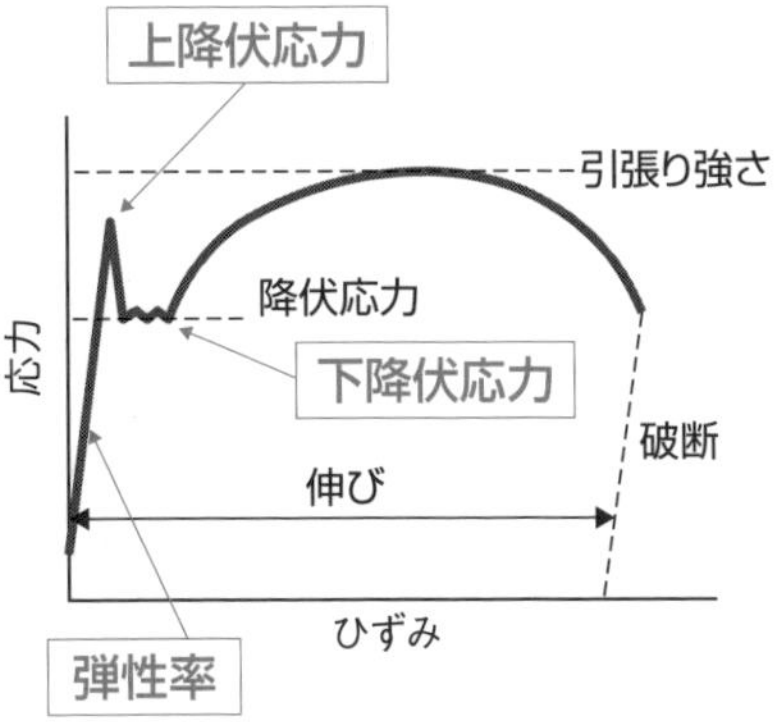

降伏点を持つ材料の場合

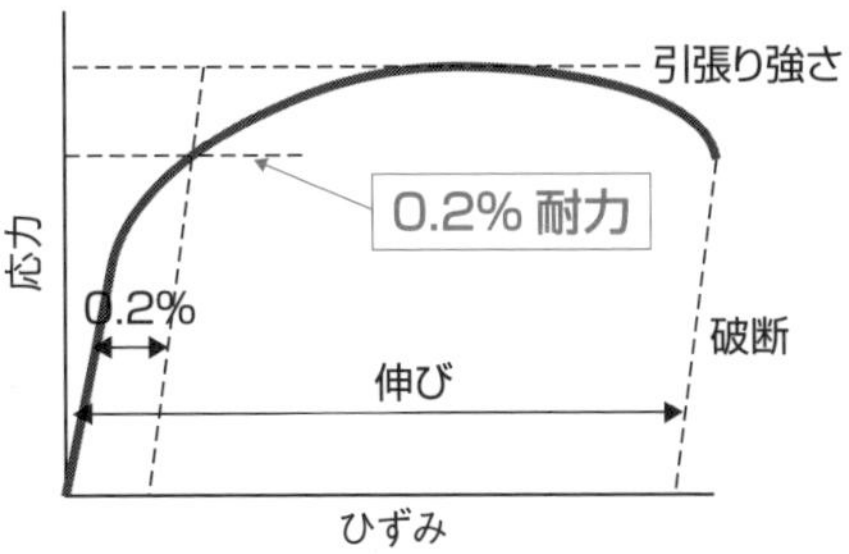

降伏点を持たない材料の場合

出典:平成27年度　理科年表　物33（395）

26 塑性

金属や樹脂の形状が元に戻らない性質

金属材料は、通常、変形させても元に戻る範囲で使用されます。しかし、さらに力を加えていくと、材料が弾性限度を越えて変形し、その力を除いても形状が元に戻らなくなります。この性質を塑性または可塑性といいます。金属材料の多くでは、層状の滑りによって塑性変形します。引張って変形する性質を延性、圧縮して変形する性質を展性といいます。この塑性という性質を使って、材料に圧力をかけて形を変えて部品にすることができます。これを塑性加工といいます。

金属の塑性加工には、鍛造、押出し、引抜き、圧延、転造、プレス加工などがあります。

鍛造は、金属をたたいて圧縮して成形します。押出しはダイスという型に材料を押出し、引抜きは逆に引張って、必要な断面形状に成形します。回転したロール間に材料を通して成形する方法を圧延、転造ダイスという工具の間に材料をはさんで、ねじなどを成形する方法を転造といいます。これらの塑性加工をすることで、材料に粘り強さ（靭性）を与え、強度を高めることができます。

また、プレス加工は、板状の板金を加工する場合によく用いられ、被加工材を金型に当て、加工機で圧力を加えて材料を金型の形に成形します。

塑性加工の多くは、研削や切削といった加工技術に比べ、加工時間が短く、材料の無駄がありません。

樹脂材料においては、熱や圧力を加えて塑性変形させて成形することができます。熱で溶かした熱可塑性樹脂を金型に注入して冷えた後取り出すことで、大量生産することが可能になります。

塑性という性質を利用した塑性加工によって、数量の多いものは安く製作することができます。そのため、量産品では塑性加工を上手に使って、加工時間短縮やコスト削減を目指しましょう。

要点BOX

- ●塑性加工は塑性という性質を利用した加工
- ●塑性加工によって加工時間短縮やコスト削減が可能

塑性加工とは

●塑性のイメージ

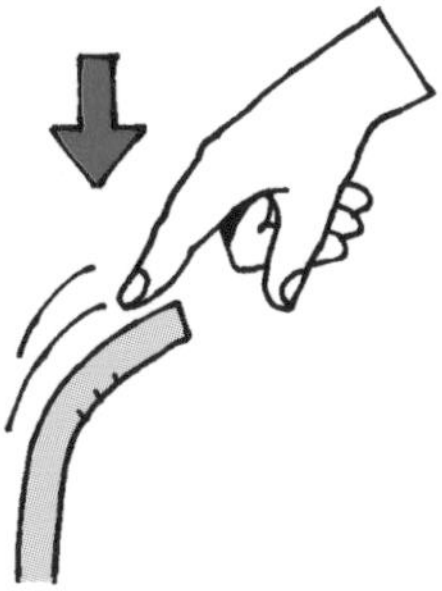

塑性とは……棒を手で押し
曲げても戻らない

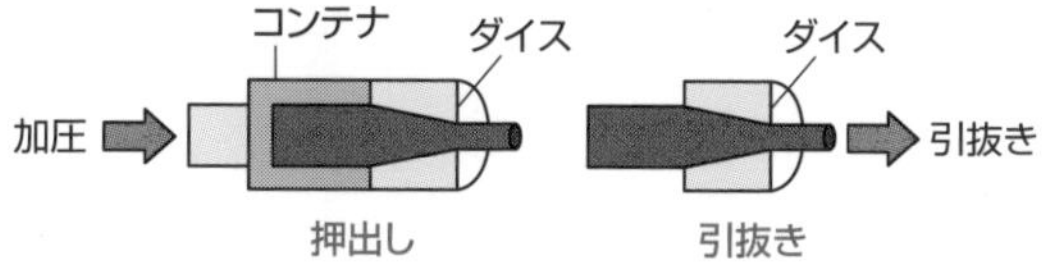

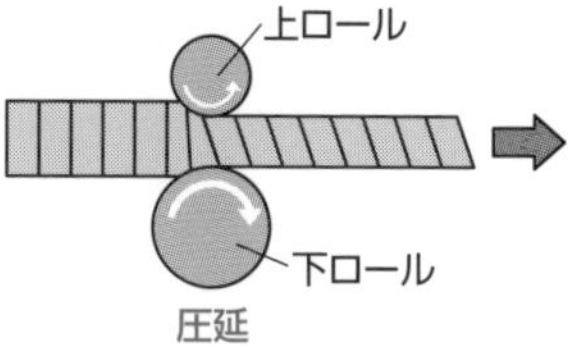

●鍛造

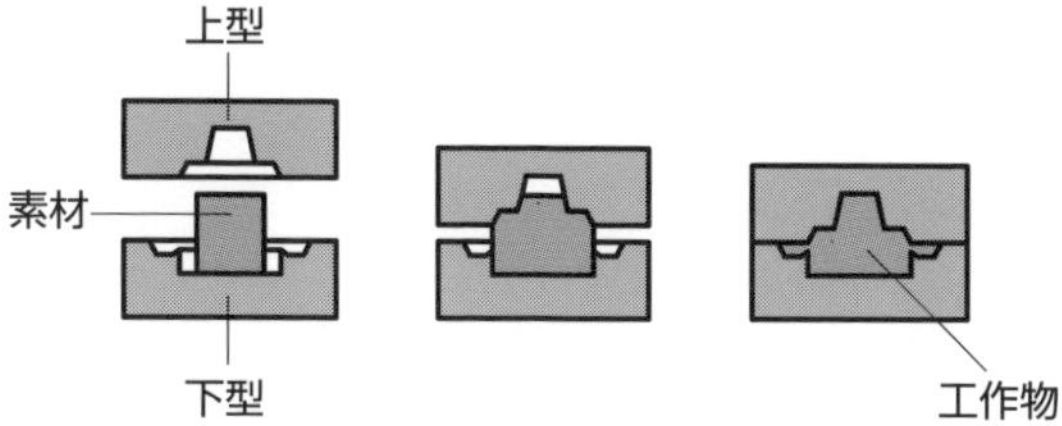

●転造

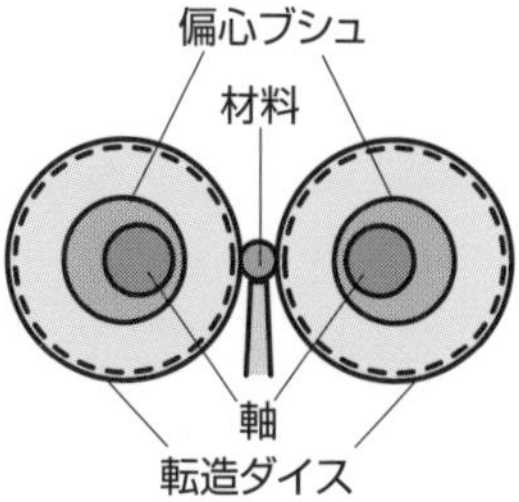

●抜き加工（せん断加工）〈プレス加工〉

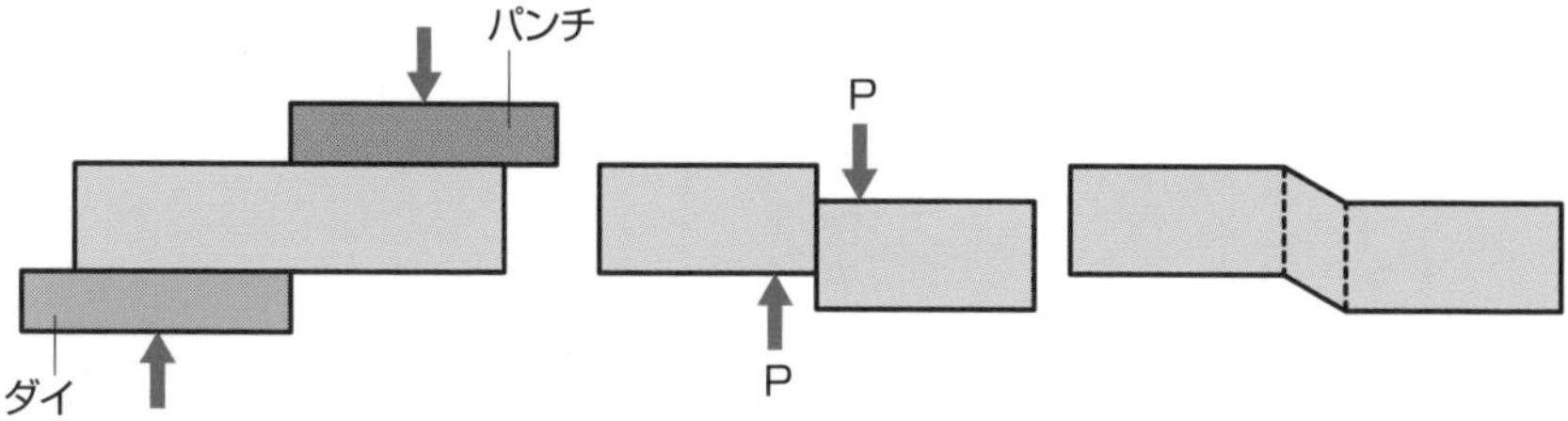

●曲げ加工〈プレス加工〉

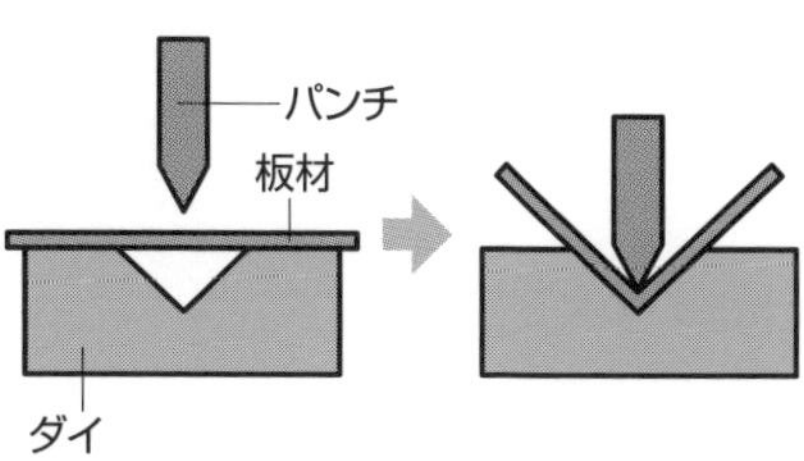

●絞り加工〈プレス加工〉

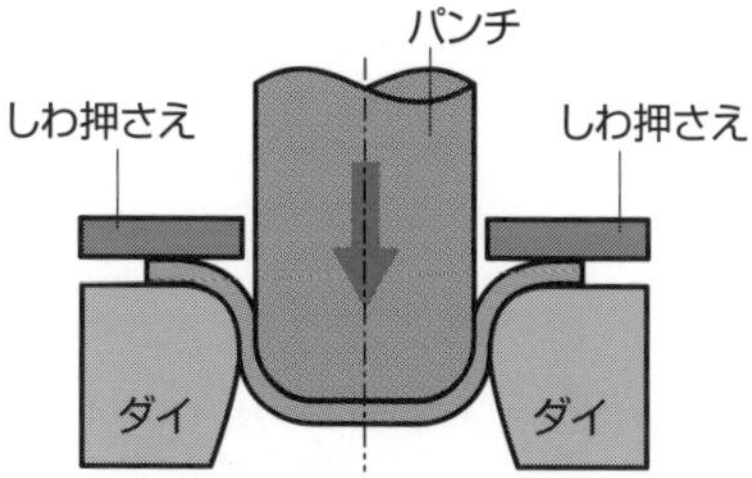

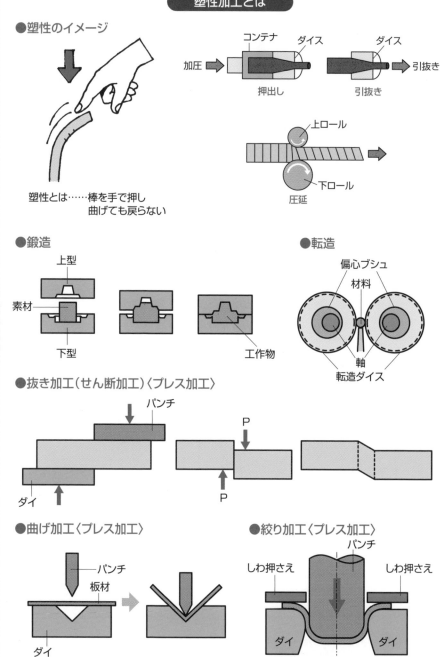

27 熱伝導率

熱の伝わりやすさを表す

熱伝導率とは、厚さ1mの板の両面に1K（ケルビン）の温度差があるとき、板の面積1㎡を1秒間に通過する熱量のことで、単位はW/(㎡・K)で表されます。熱伝導率が大きいということは、熱が伝わりやすいということになります。熱の伝わりやすさは、断面積が大きいほど、または長さが短いほど良くなります。通常気体<液体<固体の順に熱伝導率は大きくなって、特に金属は金属中の自由電子の働きによって、熱伝導率が大きくなります。

左頁の「種々物質の熱伝導率」の表にあるように、金属では鉛<鉄<アルミニウム<銀<銅の順で熱伝導率が大きくなります。ステンレスやチタンは、これらの金属よりも熱伝導率は小さくなります。樹脂、木材、ガラスは金属と比較して熱伝導率は小さくなります。熱伝導率が高い樹脂なども最近開発が進んでいます。セラミックスには、窒化アルミニウム（AlN）や炭化ケイ素（SiC）のように熱伝導率が大きいものがある一方、ジルコニア（ZrO_2）のように熱伝導率が小さいものもあります。

熱伝導率が小さいということは、熱を受け渡す能力が低いので、断熱材として利用できます。空気は熱伝導率が非常に小さいので、物体間に空気の空間を設けることで断熱効果があります。ポリスチレン樹脂に炭化水素系の発泡剤を加えて発泡させて微小な空気を閉じ込めた発泡スチロールは、断熱材としてよく利用されます。

一方、熱伝導率が大きいということは、熱を受け渡す能力が高いといえます。そのため、放熱のためのヒートシンク材料としての用途が増しています。ダイヤモンドやカーボンは金属よりもさらに熱伝導率が大きく、特に新素材のナノカーボンは今後さまざまな分野への応用が期待されています。

要点BOX

- ●気体<液体<固体の順に熱伝導率は大きい
- ●断熱材は熱伝導率が小さい
- ●放熱材は熱伝導率が大きい

熱伝導率とは

●両面の温度差が 1K（ケルビン）

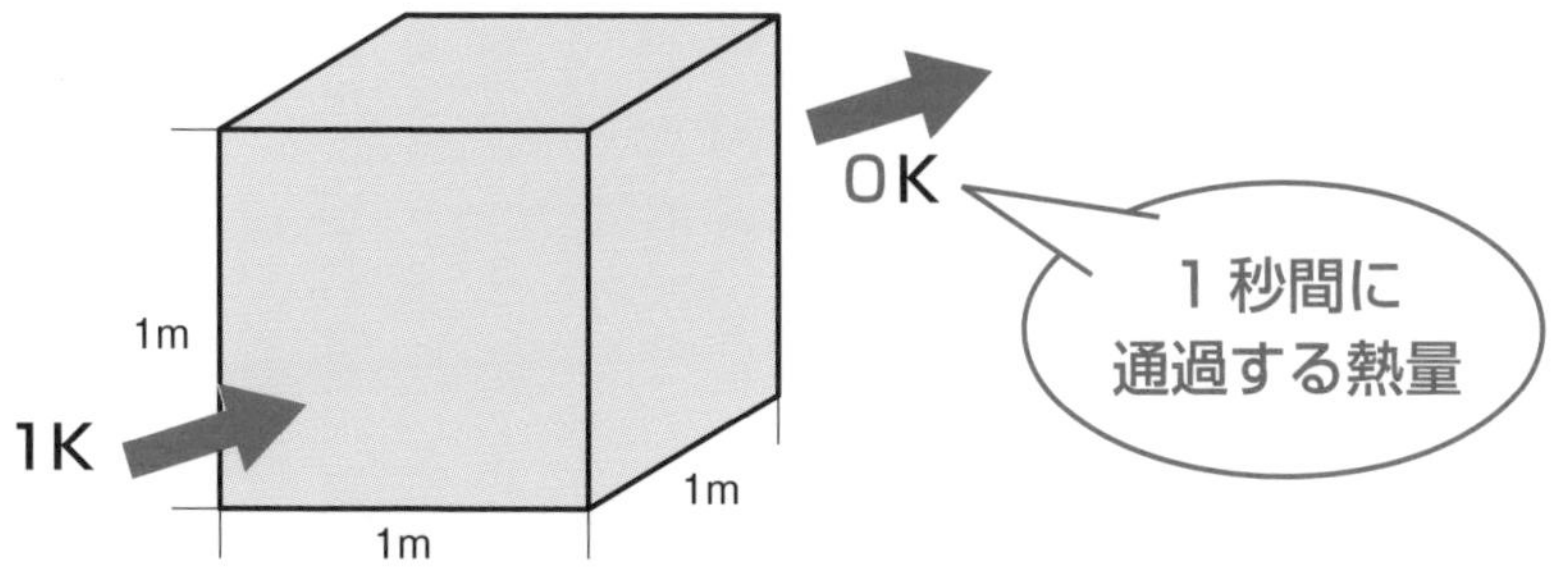

種々物質の熱伝導率【W/(m・K)】

物質	温度	熱伝導率: W／(m·K)
空気	0	0.0241
水	0	0.561
氷	0	2.2
ガラス	0	1.4
ゴム(硬)	0	0.2
炭素(グラファイト)	0	80−230
紙	常温	0.06
コルク	常温	0.04−0.05
コンクリート	常温	1
アクリル	常温	0.17−0.25
ナイロン	常温	0.27
ポリエチレン	常温	0.25−0.34
ポリスチレン	常温	0.08−0.12
銀	0	428

物質	温度	熱伝導率: W／(m·K)
銅	0	403
金	0	319
アルミニウム	0	236
マグネシウム	0	157
亜鉛	0	117
ニッケル	0	94
鉄	0	83.5
鋼(炭素)	0	50
鉛	0	36
鋼(Ni−Cr)	0	33
鋼(ケイ素)	0	25
チタン	0	22
鋼（18-8ステンレス）	0	15

出典：理科年表　平成26年度　物54(416)～物56(418)

ナノカーボンの用途

適用	性質	応用分野
融雪ゴムマット	電気や熱をよく伝える	半導体など電子機器
高耐久フライパン 防弾ランドセル	軽くて丈夫でしなやか	橋梁資材、免震ゴムなどインフラ 自動車、航空
石油掘削管接続部シール 高圧ポンプ用オーリング	耐熱・耐圧・耐薬品	資源採掘、化学プラント

28 電気伝導率

導電材料として使用される金属は数種類

電気伝導率は物質の電気伝導のしやすさを表す物性値で、単位は[A/V・m]、[1/Ω・m]などで示されます。物質によりその値の範囲は広く、金属からセラミックスまで20桁ほどの幅があります。一般的には電気伝導率がグラファイト以上のものを導体と呼び、高い順に銀、銅、金、アルミニウム、マグネシウムと続きます。

金属で配線などによく使われる材料は、電気伝導率の高い銅です。はんだ付け性が良いことも好まれる理由です。銀はさらに伝導率が高いですが、高価なので多くの場合は選択されません。アルミニウムは銅と比較して電気伝導率は2/3程度ですが、比重は1/3以下となります。したがって同じ抵抗の電線であれば軽量化ができ、屋外配線などの大量に使用される箇所ではコストや軽量化などで優位性がある材料です。金は腐食がないので、接触箇所の電気抵抗の増大を防ぎ、電子部品の端子や電極部などに多く用いられます。

また、電気回路の設計を行う際に、電気伝導率だけで材料を選ぶと思わぬ不具合をもたらすことがあるので注意が必要です。導体とはいえ電流が流れれば抵抗が生じ、発熱します。アルミニウムは温度上昇によって柔らかくなりやすいので、変形の原因になります。さらに熱膨張率も他の金属と比べて大きいので、他の材料との接合面でひずみを生じ、接触不良や破損などの問題が発生する可能性があります。そのほか、銀などはマイグレーションによる絶縁破壊を起こす可能性があるので、使用環境を考慮することが必要となります。

導体として使用される金属の種類はそれほど多くありません。使用する目的や環境に応じて、電気伝導率、比重、コスト、腐食性、はんだ付け性、熱膨張率、市場流通性を加味して適切な材料を選択しましょう。

要点BOX

- 電気伝導率が高い金属は銀、銅、金、アルミニウム
- 比重、コスト、熱膨張率なども考慮して材料を選択

様々な使用環境に合わせた金属材料の選択

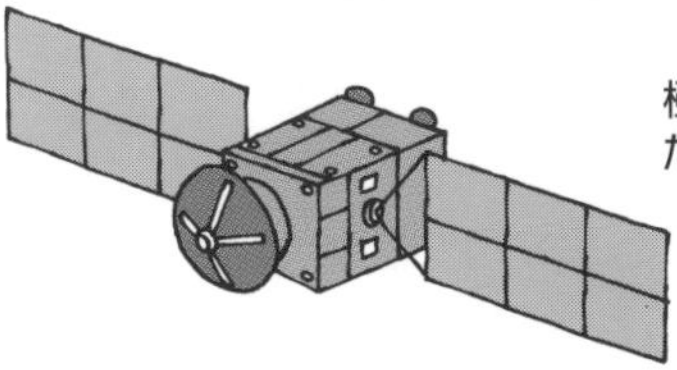

極限の導電効率を得る
ために銀を使用

腐食がないため電子部品の端子には金を使用
銅配線ははんだ付け性が良く、使いやすい

屋外配線ではアルミニウムの利用で
軽量化と低コスト化を実現

電気回路で生じる問題例

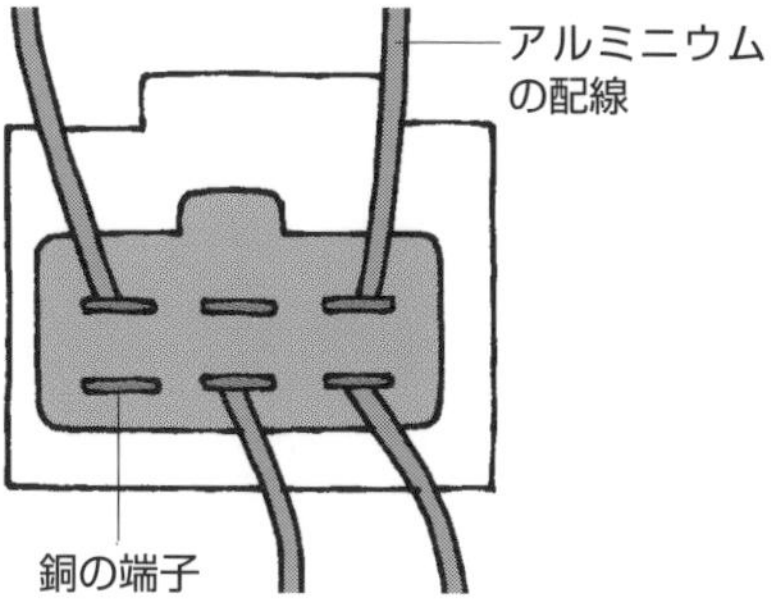

接触部の電気抵抗による発熱
↓
熱膨張差によるひずみ
↓
接触不良

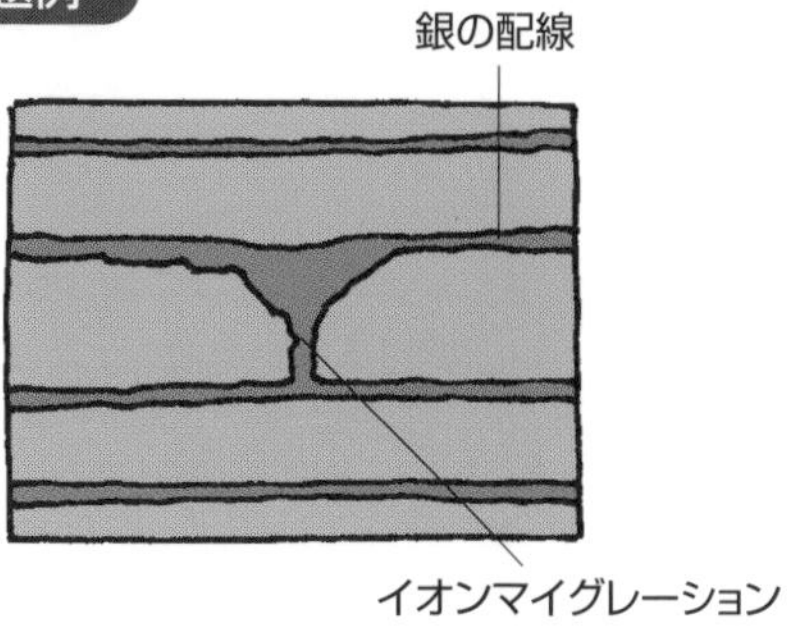

銀の高密度な配線
↓
外界からの水分の侵入
↓
通電
↓
絶縁領域での
イオンマイグレーションの進行

29 線膨張係数

熱対応設計における「灯台下暗し」

全ての材料は、必ずその温度に依存して体積が変化します。材料の温度による寸法変化はどの方向にもおおよそ同じなので、通常は一軸上の変化量を示す指標を用いています。これを線膨張係数と呼びます。線膨張係数はその材料固有の物性値です。それ自体が温度毎にごく僅かに変化しますが、実用上は同じ値を使います。

設計した部品やアセンブリが異種材料の組み合わせであってそれらに熱変化が加わるときは、材料ごとの線膨張係数の違いに注意が必要です。特に、はめあい面やすきま管理を行っている箇所、またはしゅう動により摩擦熱が発生する箇所にこの組み合わせがあると、思わぬトラブルを引き起こします。例えば、はめあいの一方が鋼であり他方が樹脂であった場合、両者の線膨張係数は通常10倍程度異なるため、同じ温度履歴を受けるとそのときの変化量も10倍変わります。このとき、樹脂は鋼に倣って塑性変形を起こします。もし、接触面に突起状の形状があればそこで応力集中が生じますし、温度変化の大きさ次第では材料の破断に至ることもあり得ます。

一方で、線膨張係数の違いを積極的に利用することもあります。代表的な例であるバイメタルは、線膨張係数の異なる2種類の板材を貼り合わせたものです。温度変化があると、線膨張係数の大きい板材の方がより大きく体積変化するので、バイメタル全体は体積変化の小さい方へと曲がるように倒れます。この性質を利用して、例えばヒータのような熱源と組み合わせて過昇温防止の機械式温度リレー（サーモスタット）を実現しています。

「温度変化を加えたら不具合が生じた」というのは、設計の時点で線膨張係数への考慮が欠けていたと疑われるケースです。温度変化が想定されるときは設計段階で十分に注意し、線膨張係数を考慮した設計を行いましょう。

要点BOX

●線膨張係数は材料固有の熱物性値
●金属と樹脂では10倍程度の差がある
●熱変化が想定できるなら必ず確認を

主な材料の線膨張係数α

物質	α／$10^{-6}K^{-1}$			
	100K	293K(20℃)	500K	800K
アルミニウム	12.2	23.1	26.4	34.0
金	11.8	14.2	15.4	17.0
銀	14.2	18.9	20.6	23.7
ケイ素(シリコン)	−0.4	2.6	3.5	4.1
炭素(ダイヤモンド)	0.05	1.0	2.3	3.7
チタン	4.5	8.6	9.9	11.1
銅	10.3	16.5	18.3	20.3
鉛	25.6	28.9	33.3	−
白金	6.6	8.8	9.6	10.3
黄銅(真ちゅう)(67Cu、33Zn)	−	17.5	20.0	22.5
ジュラルミン	13.1	21.6	27.5	30.1
ステンレス鋼(18Cr、8Ni)	11.4	14.7	17.5	20.2
炭素鋼	6.7	10.7	13.7	16.2
ニッケル鋼(Fe64、Ni36)	1.4	0.13	5.1	17.1
ガラス(平均)	8−10(0−300℃)			
ゴム(弾性)	77(16.7−25.3℃)			
ポリエチレン	−	100−200	−	−
ポリスチレン	−	34−210	−	−
ポリメタクリル酸メチル	−	80	−	−

出典：理科年表　平成27年　物53(415)～物54(416)

線膨張係数に由来する不具合の事例

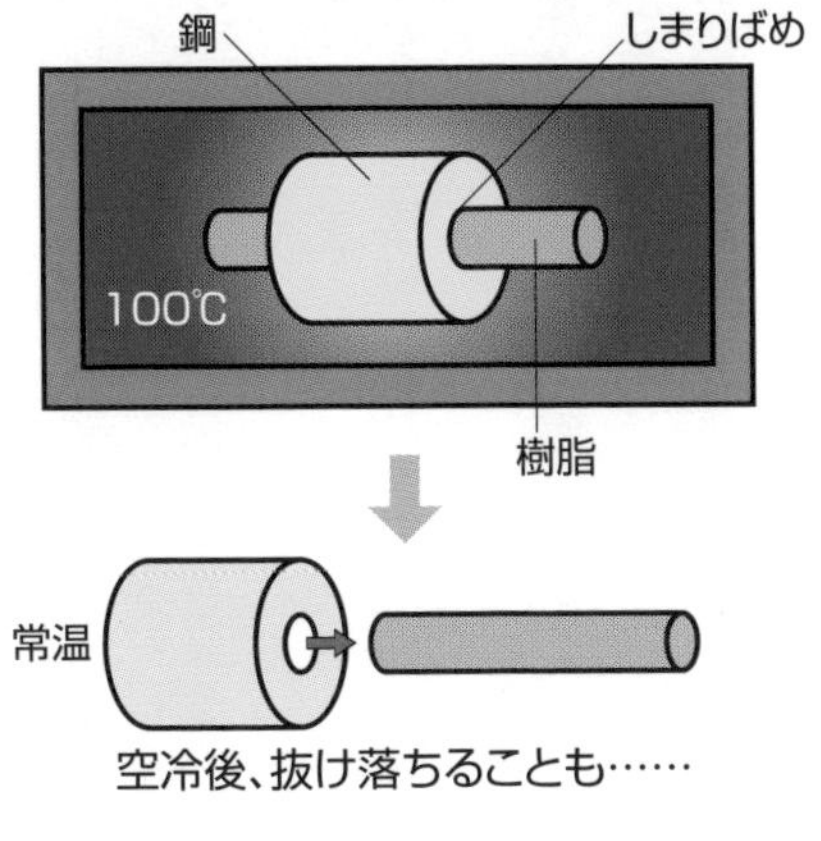

温度リレーの仕組み

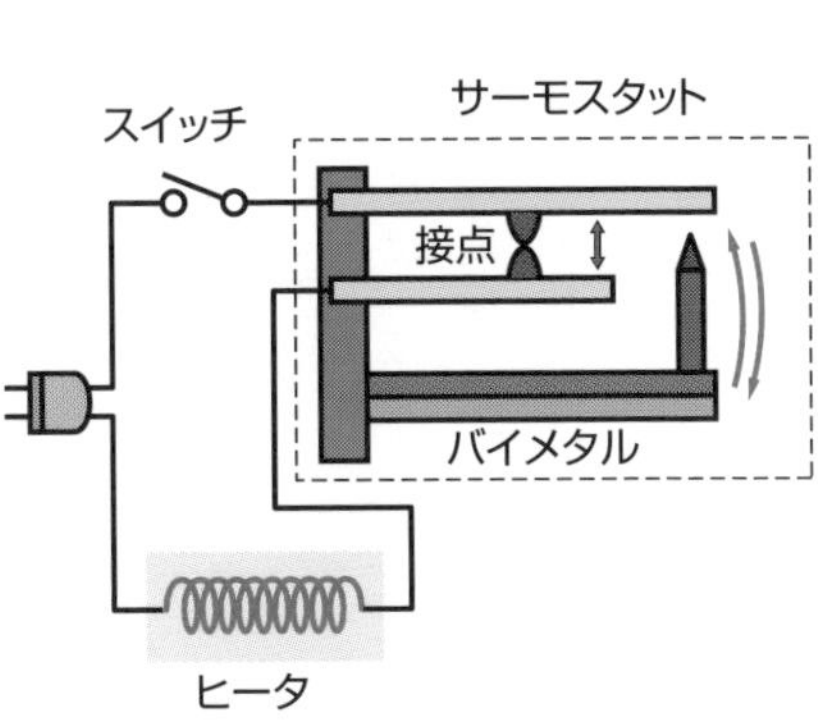

30 加工性

材料によって加工性は異なる

機械材料を部品や製品にするためには、その材料の形を変える、すなわち加工することが必要になります。そのためには各材料の加工性を正しく理解しておくことが大切です。

鉄鋼材料は、添加してある合金元素の量が少ない低合金鋼ほど被削性がよくなります。また、炭素鋼を焼入れした場合は、炭素含有量が多いほど硬度が上がるため、曲げや切削加工がしにくくなります。

ステンレス鋼は、腐食に強く錆びにくいため広く利用されています。

特にSUS304がよく使われます。しかし、SUS304は切削加工する際に刃物でこすりあげるとマルテンサイトに変化して加工硬化するため、さらに切削することが難しくなります。

銅合金の純銅に近いものは非常に柔らかく、展延性が良いので加工性は問題にならないですが、リン青銅やベリリウム銅などの銅合金は硬度が高く、加工硬化もしやすいため、切削加工が非常に困難となります。

アルミニウム合金は、熱伝導率が良く切削加工時の加工熱が逃げやすいため、工具が摩耗しにくい一方、仕上がり面の表面性状や切屑の処理性が悪いことが問題になります。また、切削加工時に構成刃先ができやすい特徴があります。

チタンは、熱伝導率と耐摩耗性が小さいため加工時に焼き付きしやすく、切削加工が困難です。

セラミックスは、表面が非常に硬く脆いため切削加工が困難で、曲げ加工することは不可能な材料です。

樹脂材料は、切削加工については加工速度に注意する必要があります。曲げ加工をする場合には、曲げ部分を熱によって軟らかくすれば曲げることが可能です。

以上のように、材料によって加工性が異なるため、加工方法や形状などは加工性を十分に考慮しましょう。

要点BOX

- ●各材料の加工性を正しく理解する
- ●加工性を考慮して加工方法や形状を決める

各材料の加工しやすさ

	切削性	曲げ加工
鉄鋼	○	○
ステンレス	△	○
銅合金	△	○
アルミニウム合金	○	○
チタン	△	△
セラミックス	△	×
樹脂	△	△

旋盤加工

プレス加工

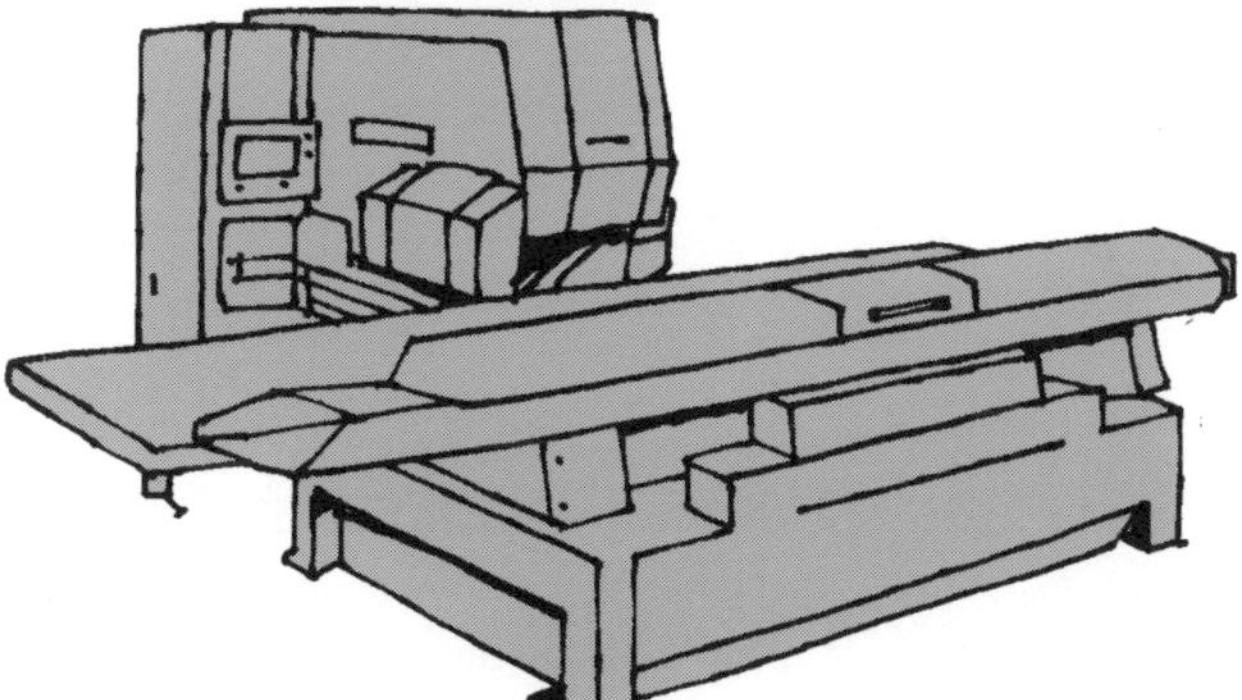

31 溶接性

工作上の溶接性と使用上の溶接性がある

機械材料を接合する方法として、「溶接」は最も一般的なものの一つといえます。しかし、接合したい材料の溶接性によって、品質のばらつきや強度不足が問題になります。そのため、溶接性を十分に理解して管理することが重要です。

溶接性には、欠陥のない健全な溶接が可能かという「工作上の溶接性」と、溶接後の部品の性能が十分満足できるものなのかという「使用上の溶接性」があります。

「工作上の溶接性」を確保するためには、溶接性が良い材料を選定して、最適な溶接方法で行う必要があります。溶接性が良い材料としては、〝6項鉄鋼-鋼材〟で解説したように、SM材（溶接構造用圧延鋼材）やSS材があります。S-C材は炭素を多く含んでいるため、溶接熱によって焼きが入り割れやすくなります。S-C材を溶接する場合は炭素量が少ないものを選定するか、溶接後に適正な熱処理を施します。

鋳鉄やニッケル合金、フェライト系ステンレス鋼なども溶接性は良くありません。

溶接方法は左頁の表にあるように、さまざまな種類があります。溶接の仕方については必要であれば製図時に溶接記号で指示します。

次に「使用上の溶接性」を確保するためには、溶接によって発生する不具合をなくすことが大切です。溶接による主な欠陥としては、溶接熱による熱影響部の高温割れ、低温割れ、気孔、スラグ巻込みといったものがあります。また、溶接箇所や形状、使用環境などによって、応力集中や疲労破壊が起こりやすくなることがあります。

以上のように、溶接後の部品の不具合をなくすためには、「工作上の溶接性」と「使用上の溶接性」を十分に確保する必要があります。そのためにもまずは溶接に適した機械材料の選定を心掛けるようにしましょう。

要点BOX

- ●溶接性が良い材料を選定して、最適な溶接方法で行う
- ●溶接によって発生する不具合をなくす

溶接方法の種類

溶接方法	内容
ガス溶接	ガスが燃焼するときに発生する高温を利用して材料を溶かして接合
被覆アーク溶接	ホルダーにはさんだ溶接棒を母材に当てて溶接アークを発生させて母材を溶かして接合
TIG溶接	母材とタングステン電極の間にアークを発生させて母材を溶かして接合 鉄、ステンレス、アルミニウム、チタン、銅などの溶接が可能
CO_2溶接 MAG溶接 MIG溶接	ワイヤ状の溶接材と、アークのシールドガスとして炭酸ガスやアルゴンガスを使用して接合（CO_2溶接：炭酸ガス、MAG溶接：炭酸ガスとアルゴンガスの混合、MIG溶接：アルゴンガス）
レーザ溶接	炭酸ガスレーザやYAGレーザを利用して母材を溶かして接合

主な溶接継手

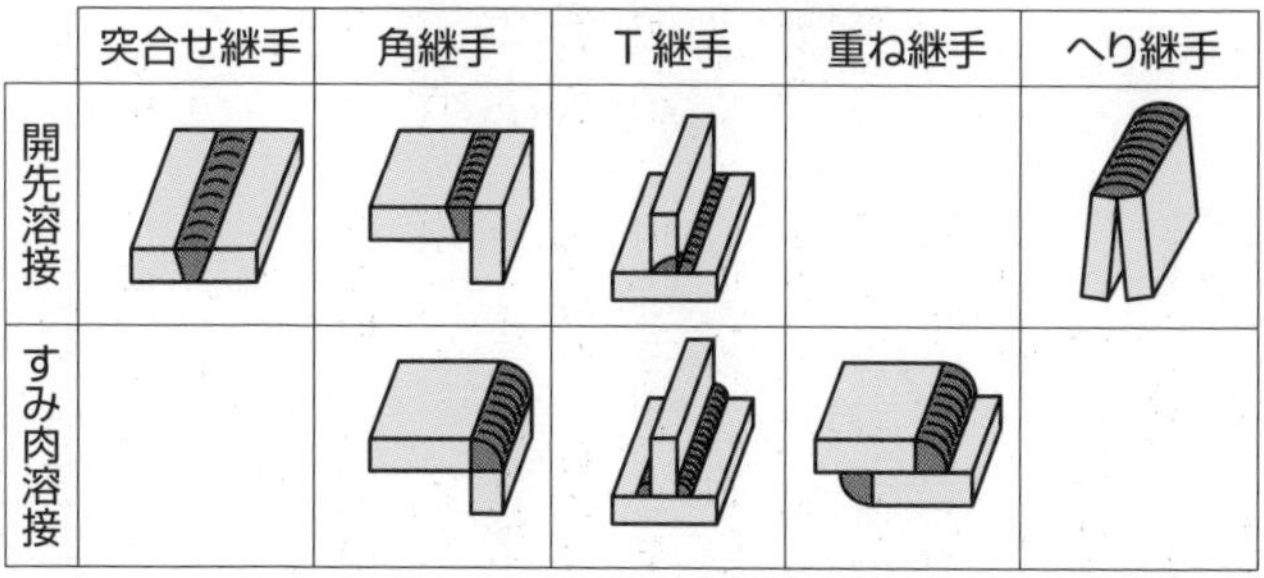

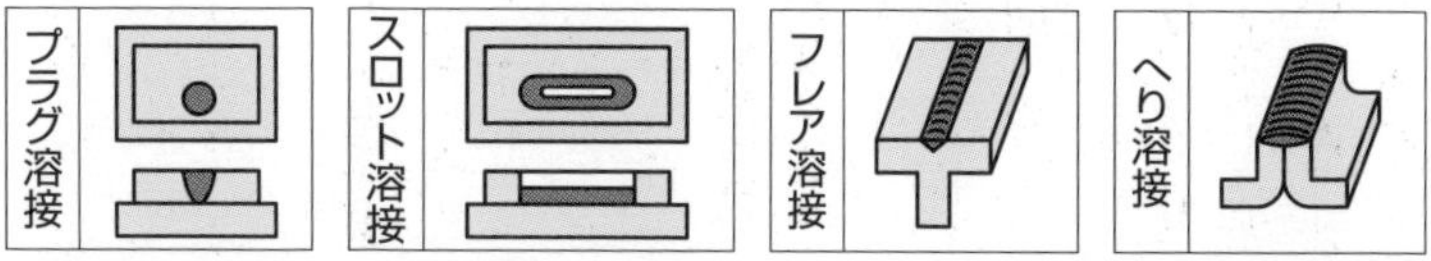

開先溶接の先端形状

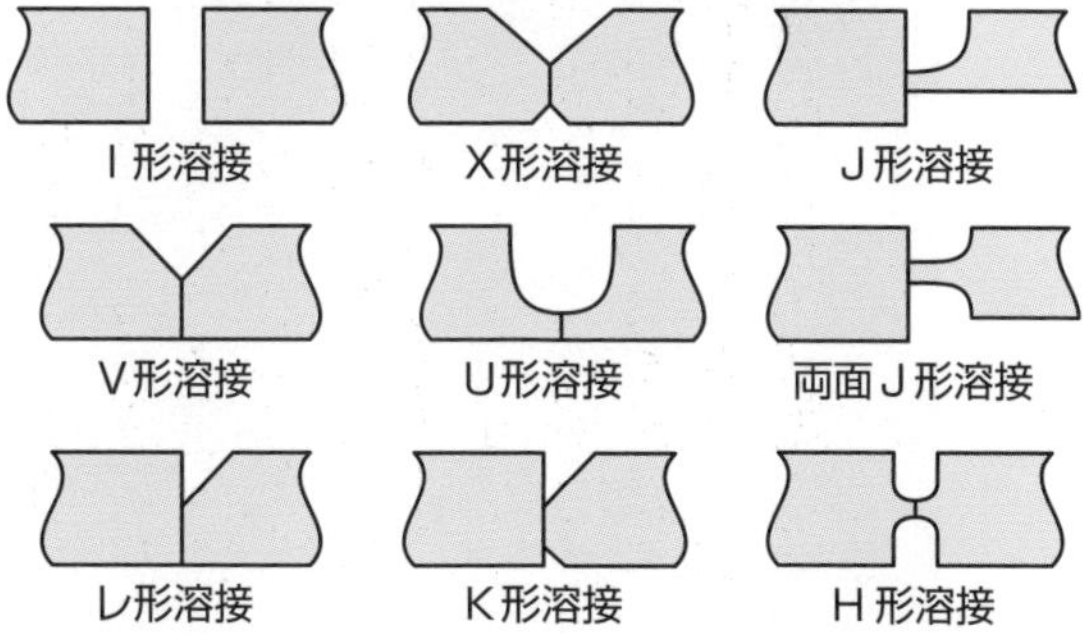

溶接による欠陥例

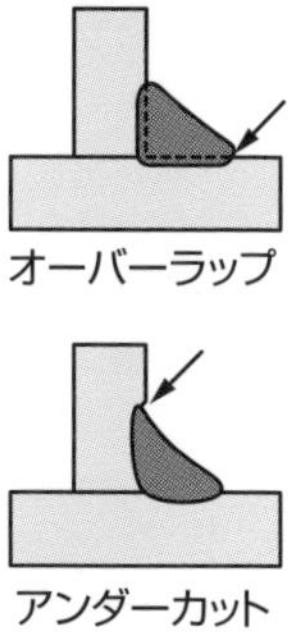

Column

機械材料の加工方法

機械材料を部品にするためには、その材料を加工することが必要となります。機械材料の形を変えるにはさまざまな方法があります。例えば、鋳造、塑性加工、切削加工、砥粒加工、樹脂成形加工、接合・接着などがあります。これらをうまく使うことが必要で、部品の性能やコストに大きな影響があります。

鋳造は、歴史が古く、鋼を溶融して鋳型に流し込んで成型します。何度も同じ形のものを作るのには適しています。（8項参照）

塑性加工については「26項塑性」を確認してください。

切削加工は、最も一般的な加工方法といえます。旋盤、フライス盤、ボール盤、マシニングセンタといった工作機械による加工のことをいいます。複雑な形状の部品を高精度で加工することが可能で、低コストで多品種少量生産することができます。

砥粒加工は、研削加工ともいい、工作物の表面を砥石（といし）で薄く削り取って、滑らかにする加工方法です。

樹脂成形加工は、射出成型（17項参照）、押出成形、ブロー成形、スタンピング成形、インフレーション成形、圧縮成形、ハンドレイアップ成形、真空成形、カレンダー成形などがあります。部品形状、成形条件、材料の種類などにより、気泡、ひけ、ウェルドライン、フローマークなどさまざまな成形不良が発生するため、独自のノウハウが必要になります。

接合・接着は多種にわたり、材料の種類、必要な強度、作業の利便性などを考慮して適切な方法を選択します。金属同士を接合する方法としては、溶接が多く用いられます。アーク溶接（MAG、TIG、MIG）やガス溶接の融接、抵抗溶接や摩擦圧接などの圧接、ろう接があります。また、機械的な接合として、ボルトやリベットを用いた接合方法や、二液性エポキシ樹脂やシリコーン樹脂、液状ガスケットなどによる接着も必要に応じて適用します。異種材料の接合については、「67項異種材料接合」を確認してください。

●アーク溶接

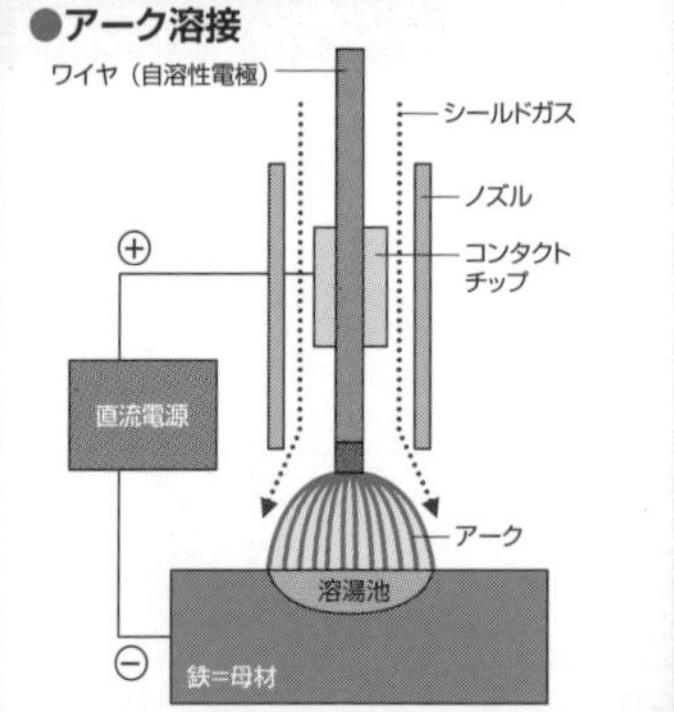

第5章

試験・検査

32 引張、圧縮、ねじれ、曲げ試験

材料の基本性能を同じ土俵で測る！

機械部品などの構造物には、その使用状態や環境要因によって、引張・圧縮・曲げ・ねじれの各応力が作用します。これらの強度は材料の特性に依存するので、選定する際の確認は欠かせません。

引張試験は、JISでは16種類の試験片が規定されており、丸棒・板材・線材などの種類でどの試験片を用いるのか決まっていますが、試験方法は全て同じです。試験片の両端を装置で保持した状態のまま一方向に引き、そのときの引張荷重と延びの関係を連続的に追跡して記録します。こうして得られたグラフが第4章25で解説した「応力―ひずみ線図」です。応力が降伏点に達すると試験片には中央付近にくびれ形状が確認できるようになり、最終的に破断します。

引張ったのとは逆方向に装置で試験片へ力を加えるのが圧縮試験です。圧縮試験では座屈荷重を求めますが、鋼など一般に用いられる機械材料の場合、試験条件下では引張と特性が変わりません。圧縮の応力―ひずみ線図はほとんど目にすることはなく、機械材料分野のJISには規定もありません。

曲げ試験もまた、JISによって5種類の試験片規定があります。一般的な押曲げ法では、両持ち梁のようにセットした試験片の中央部を圧子先端のR形状に倣うところまで押し込んで、試験片にき裂が生じるか否かを判定します。したがって、規定の曲げ特性の有無のみが試験結果です。

引張試験と異なり試験片に規定がないものもあります。ねじれ試験はこれに該当し、材料のねじれ強さや弾性率のほか、疲労寿命の評価によく用いられます。疲労強度試験方法はJISにも規定はありますが、試験片と実際の機械製品とで相関性を示すことが困難であるため、実物の部品を直接試験するケースが多く見られます。この試験により、S-N線図を描くことができます。

要点BOX

- ●引張試験と圧縮試験は同等として扱う
- ●曲げ試験は亀裂によるその特性のみ
- ●疲労寿命評価ならねじり試験が適切

引張試験

第4章25参照

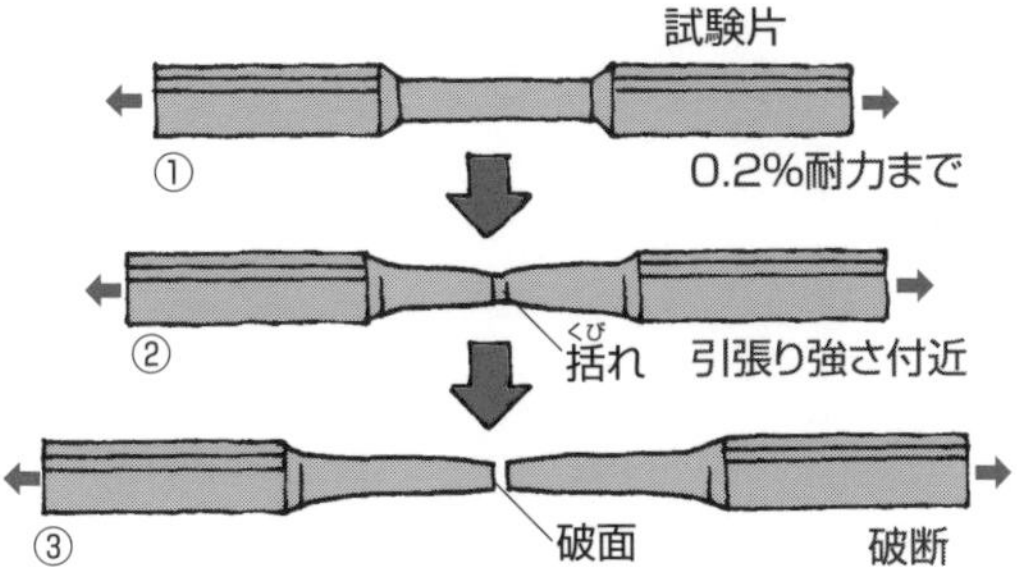

曲げ試験

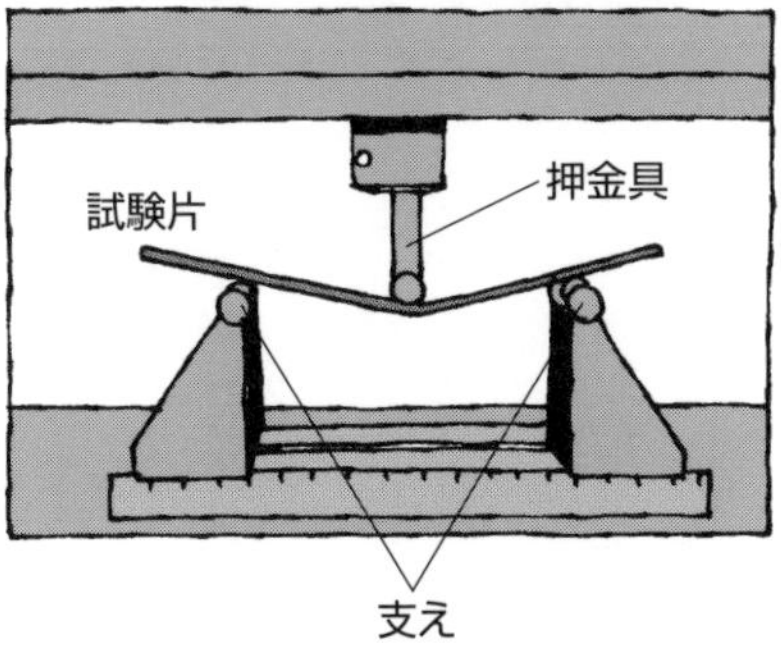

ねじれ疲労試験

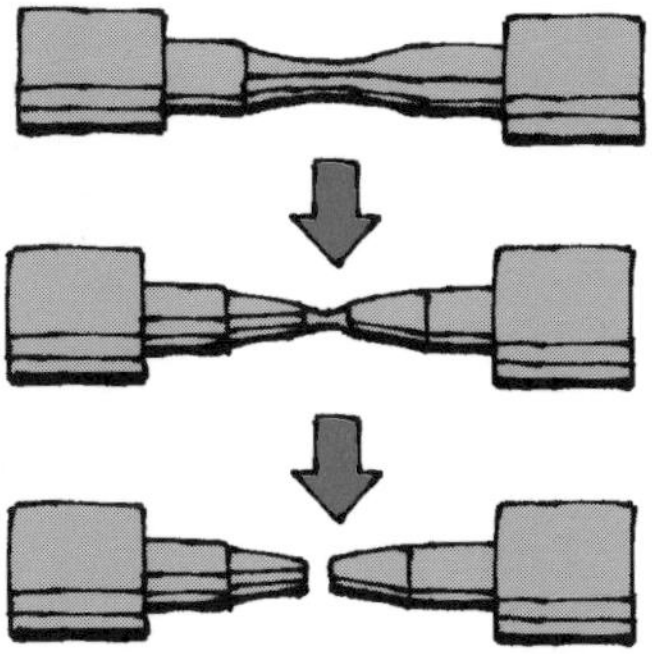

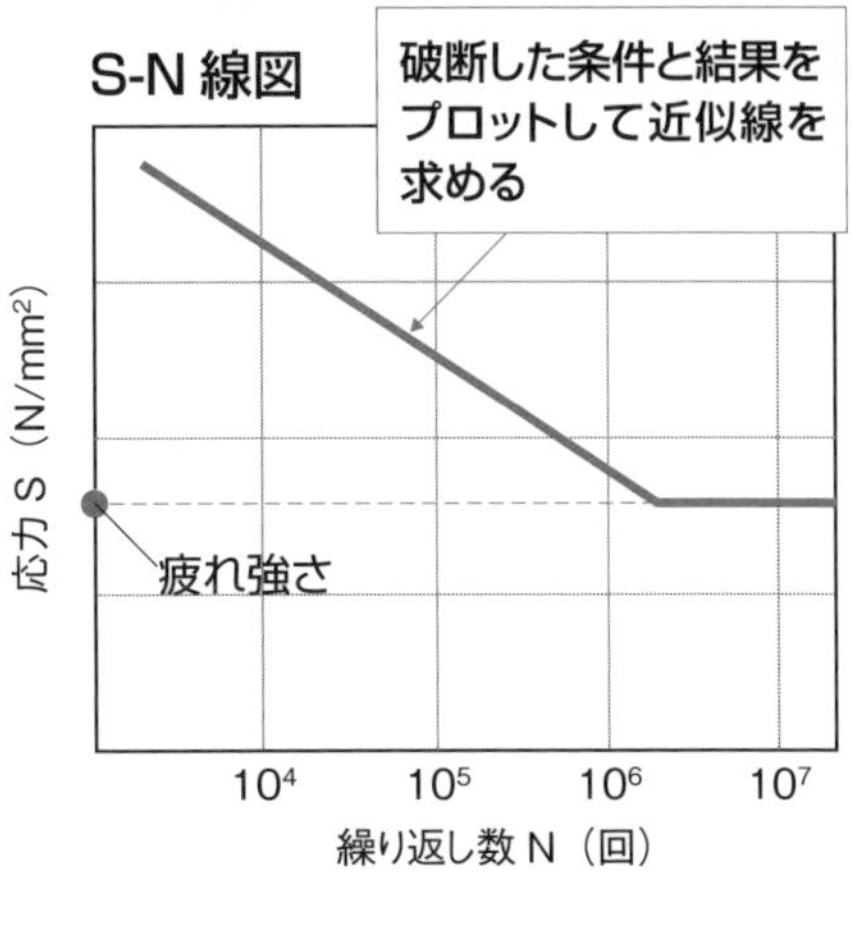

33 硬さ、衝撃試験

機械部品の性能を決める基本特性

機械を構成する材料の基本的な性能指標に、硬さや靭性、耐衝撃性があります。変形や摩耗、き裂等による機械部品の損傷を防ぐために、これらの材料特性をよく把握し、適切な材料を選定することが求められます。

硬さを測る硬度計には何種類かあり、また測定子の形状や負荷荷重も複数設定され、目的や使用環境に応じて使い分けます。測定箇所が薄い硬化層や軟らかい組織なのに過大な力をかけて測定しても、測定痕が硬化層を突き抜けたり、材料組織が壊れて正しい値を示すことができません。なお、硬度測定では測定箇所に測定痕(きず)を残すことがあります。

表面硬度測定のロックウェル硬度計は簡便かつ短時間で測定でき、生産ラインのそばで抜き取り検査に用いることができます。また、ビッカース硬度計では測定断面での表面から深さ方向への硬度分布を測定できますが、事前に測定面の研磨が必要です。ほかにも、比較的柔らかいワーク向けのブリネル硬度計や対象物へ錘を落としたときの反跳高さを測定するショア硬度計があります。

衝撃試験では、材料に付与される衝撃力をどの程度吸収できるか評価します。代表的なシャルピー衝撃試験は試験片破断に要したエネルギーを求める方法で、破壊靭性評価に適しています。また、衝撃圧縮試験には、ホプキンソン棒法が知られています。衝撃試験の結果と実際の機械部品での衝撃の受け方は異なることに留意してください。

鉄鋼材料は温度により延性・脆性特性が変わることがあります。また、炭素鋼は炭素量が増えると耐衝撃性も急激に下がります。樹脂材料やセラミックスなどの材料は、破壊に至る最大荷重や吸収する衝撃エネルギーが、鉄鋼材料とはまったく異なる傾向を示します。

要点BOX

- ●硬さ、靭性、耐衝撃性は基本要素
- ●硬度の指定時は測定環境に留意
- ●耐衝撃性は実際の使用条件で確認する

硬さの種類

名称	単位	内容	備考
ロックウェル	HR	円すい、くぼみの深さ	JIS Z2245：2021
ビッカース	HV	四角すい、くぼみの対角線	JIS Z2244：2020
ブリネル	HB	鋼球、くぼみの直径	JIS Z2243：2018
ショア	HS	ハンマー、跳ね上がる高さ	JIS Z2246：2022

ロックウェル硬さ：HRの測定方法

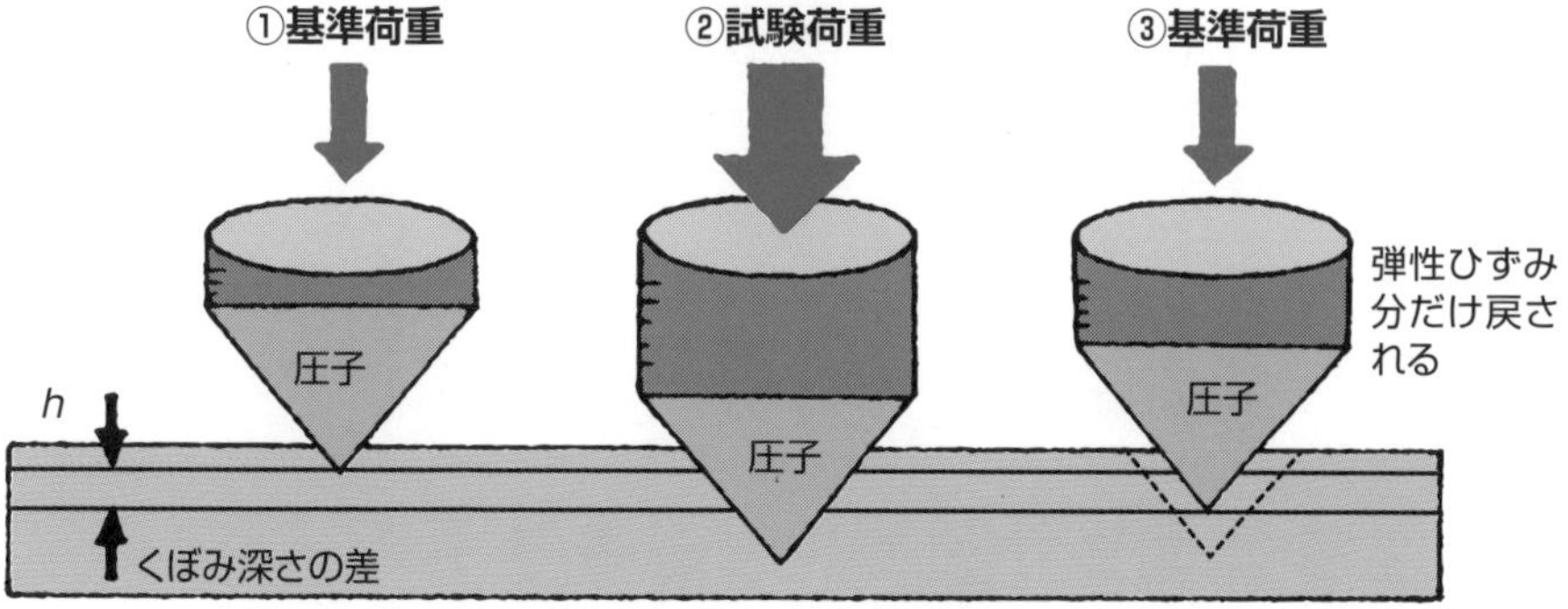

①ダイヤモンドまたは鋼球の円すい圧子を基準荷重で試料表面に押し付ける
②次に試験荷重でさらに押し込む
③再度基準荷重に戻し、はじめの基準荷重と2回目の基準荷重におけるくぼみ深さの差：*h*を計測する

$$HR = \mathrm{N} - h / \mathrm{S}$$

NとSは圧子の種類や試験力の組み合わせによって決まる定数

シャルピー衝撃試験方法

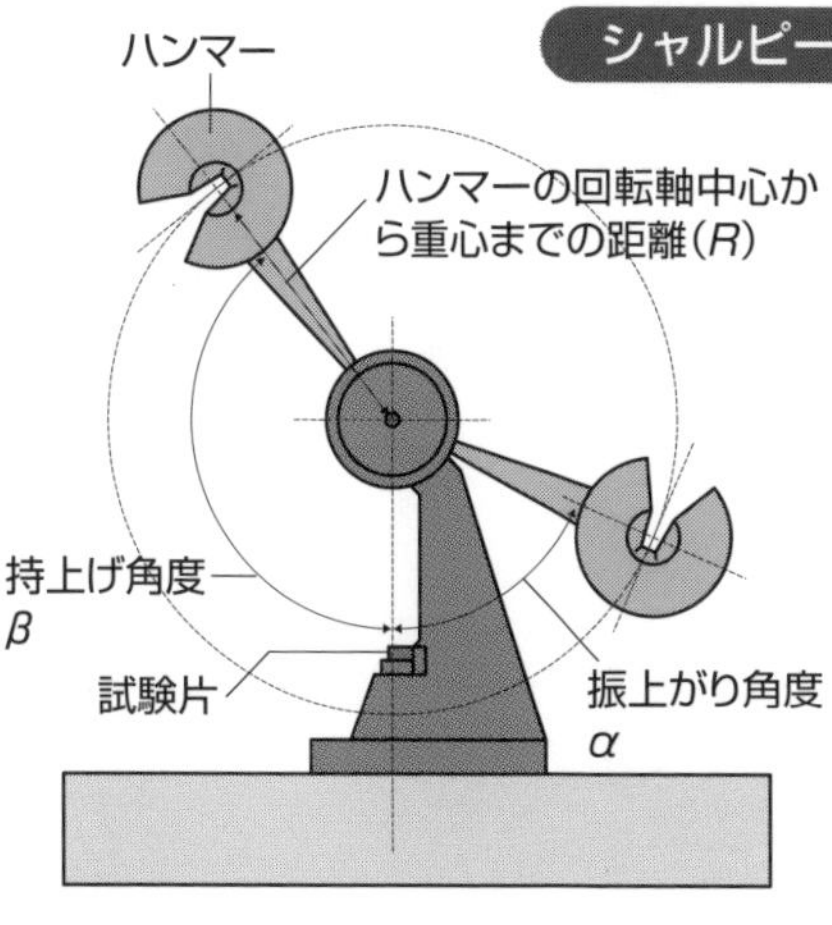

$$E = WR(\cos\beta - \cos\alpha) - L$$
$$a = E / bh$$

E：吸収エネルギー(J)
a：シャルピー衝撃値(kg·cm/cm^2)
W：ハンマーの重量(N)
R：ハンマーの回転軸中心から重心までの距離(m)
β：試験片破断後のハンマーの振上がり角度(°)
α：ハンマーの持上げ角度(°)
b：試験片の幅(cm)
h：試験片の厚み(cm)
L：摩擦によるエネルギー損失

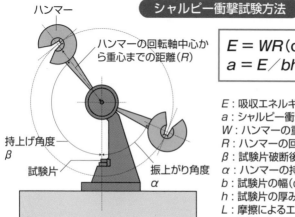

34 IR分析

赤外線を用いた物質判定方法

生産品をREACH規則やRoHS指令に適合させるためには、製品を構成する材料や生産で用いる溶剤などに禁止物質・制限物質が含まれていないことを証明する必要があります。試料の物質を特定する手法の一つがIR分析（赤外分光法）です。

IR分析は、物質に赤外線を照射したとき、その化学構造により透過や反射（＝両者を合わせ〝吸収〟と称します）される波長域が異なることを利用します。試料の赤外線吸収波長域を捉え、その試料にどんな化学構造の物質が含まれているのか推測します。物質を特定するためには、事前に試料や特定したい禁止物質等の赤外線吸収波長域を特定しておく必要があります。ただし、異物含有の判定だけなら試料の吸収波長域だけでも利用できます。

赤外分光度計は分散型またはフーリエ変換型（FT-IR）が一般的で、出力は波長（横軸）と吸光度または透過率（縦軸）で表されたスペクトルで表現されます。このスペクトルの波形が大きく立ち上がる（または、落ち込む）箇所が試料により赤外光を吸収した波長域となり、その波長域を吸収する化学構造を持つ物質が試料に存在することを示します。

特にプラスチックやゴム、塗料、潤滑剤などで物質判定に用いられます。物質が劣化して化学構造が変化した場合はスペクトルも変わるため、試料の劣化判定に利用されることもあります。これらに含有する金属や無機物を検出することも可能です。ただし、同じ赤外線吸収波長域の物質が混在すると、IR分析のみで物質を判別することはできません。試料の使用状態や採取方法等から、またはほかの検査方法を用いてどんな物質を含む可能性があるのか、その物質が持つ化学構造の吸収波長域はいくつなのか、予め把握しておくことが必要です。

要点BOX

- ●赤外線照射により物質特定が可能
- ●物質の赤外線吸収波長域の把握が大事
- ●同じ吸収波長域の物質の存在に注意

透過率スペクトルの例とFT-IR装置例

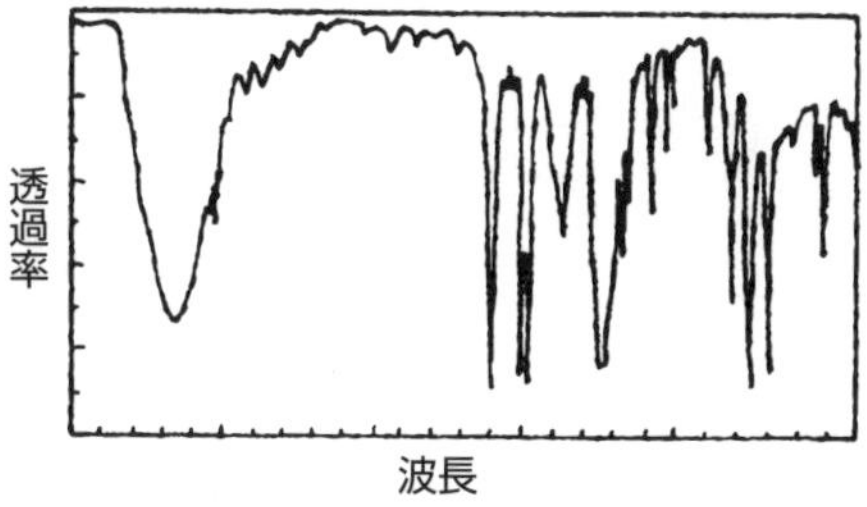

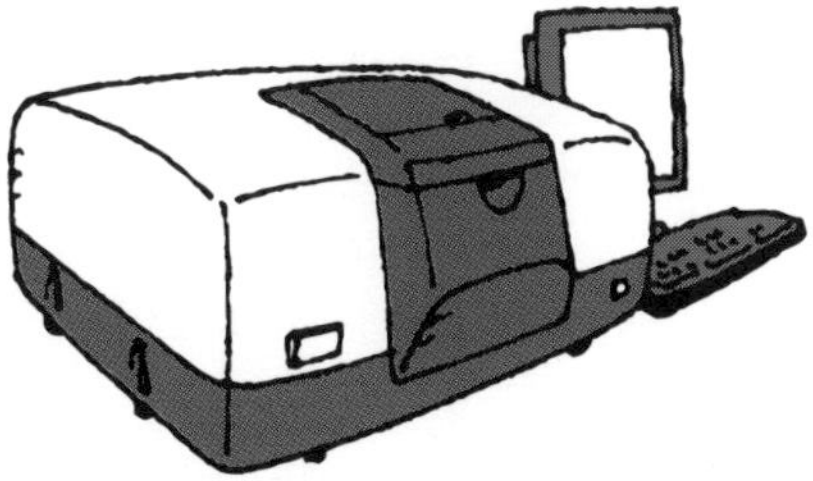

主な赤外特性吸収帯の波数

振動型	波数cm^{-1}	化合物の形
−OH伸縮	3600〜3200	H_2O、R[*1]OH
−NH伸縮	3400〜3100	アミン、アミド類
≡C−H伸縮	3300〜3270	R[*1]−C≡CH
=C−H伸縮	3100〜3000	芳香族、オレフィン化合物
−C−H伸縮	2960〜2850	飽和炭化水素類
−C≡H伸縮	2250〜2200	R[*1]CN、Ar[*2]CN
>C=O伸縮	1820〜1650	カルボニル化合物
>C=C<伸縮	1680〜1640	不飽和炭化水素
$-NH_2$はさみ	1640〜1560	R[*1]−NH_2
環の振動	1610〜1590 1500〜1480	ベンゼン誘導体
$-CH_2$はさみ	〜1450	飽和炭化水素
$-CH_3$縮重変角	〜1450	飽和炭化水素
$-CH_3$対称変角	1380	飽和炭化水素
C−O伸縮	1080〜1050	アルコール、エステル
>C=C−H面外変角	990〜965	R[*1]CH=CH_2、 R[*1]CH=CHR[*1]
CH面外変角	880〜720	ベンゼン置換体
C−Cl伸縮	780〜615	R[*1]C−Cl類

R[*1]：アルキル基、A[*2]：アリール基

出典:国立天文台編「理科年表 2023」，丸善出版 (2022)

35 磁粉探傷検査

見えない「きず」を見えるようにする

磁粉探傷検査は、鋼材などのうち強磁性となる材料の部品に適用できる検査方法で、磁束の漏れを利用して部品の表面や表層直下の「きず」を探り当てることができます。非破壊検査方法の一種で、磁気探傷、あるいは単に磁気検査とも呼ばれます。

この検査は、まず初めに検査対象とする部品を磁化させることが必要です。着磁によって部品の両端に極性を持たせると、その間には磁束が生まれます。ここで、極性をもった両端の間のどこかで部品を切断すると、その切断面にも極性が生じて、それぞれの部品が切断される前と同じ向きに磁束が流れるようになります。

同じように、部品に「きず」がある場合、開いた箇所には切断したときのように極性が現れて、そこから磁束が漏れます。この状態のまま磁化させた部品に磁性を持つ粉体や液体をかけると、磁束が漏れる「きず」のところにこれらが集まるので、目視でも「きず」の箇所を確認することができます。「きず」は微小なこともあるため、はっきりと判別できるように検査粉や検査液に蛍光剤を混ぜておき、暗室内で紫外線を当てて確認することもあります。

検査が完了した正常品は、着磁のときとは反対向きの磁界によって脱磁した後、洗浄を行って検査前の状態に戻します。

磁粉探傷検査は、例えば繰り返し負荷のかかる溶接箇所や高い耐荷重能を求められる部品など、微小な「きず」でも見逃せない場合に用いられます。蛍光剤と紫外線を用いれば「きず」を目視ではっきりと確認できるので、「きず」の有無の判定は比較的容易です。ただし、検査対象は必ず磁化させる必要があるため、非磁性材料の部品へは適用できません。磁化や脱磁の工程では強力な磁界を用いるため、磁気に弱い機器の傍では検査できないのも注意点の一つです。

要点BOX

- 磁気検査では表層の「きず」を発見できる
- 「きず」から漏れた磁束を目視で確認する
- 検査前の着磁と検査後の脱磁が必要

きずの極性発生の原理

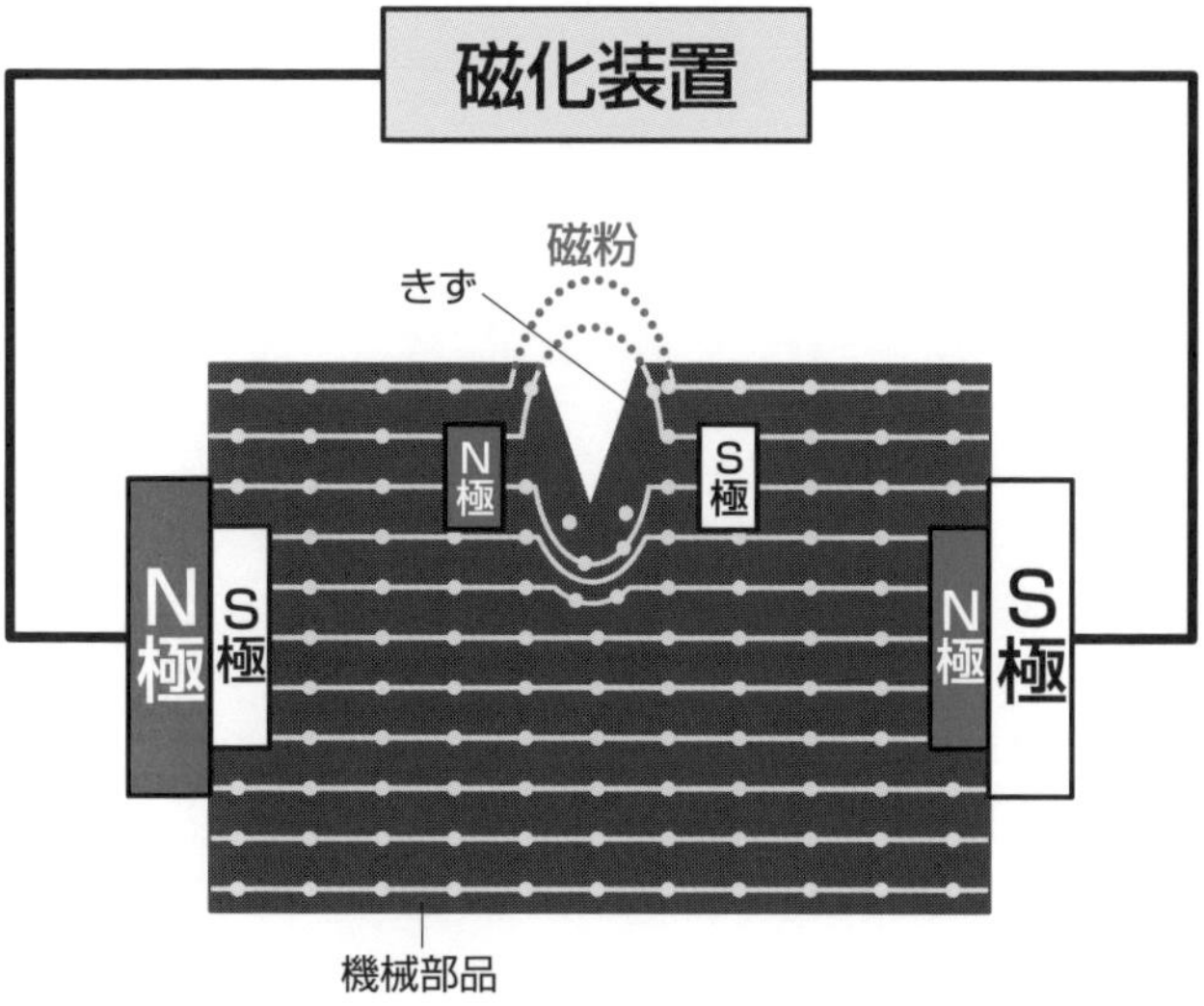

磁粉探傷検査の流れ

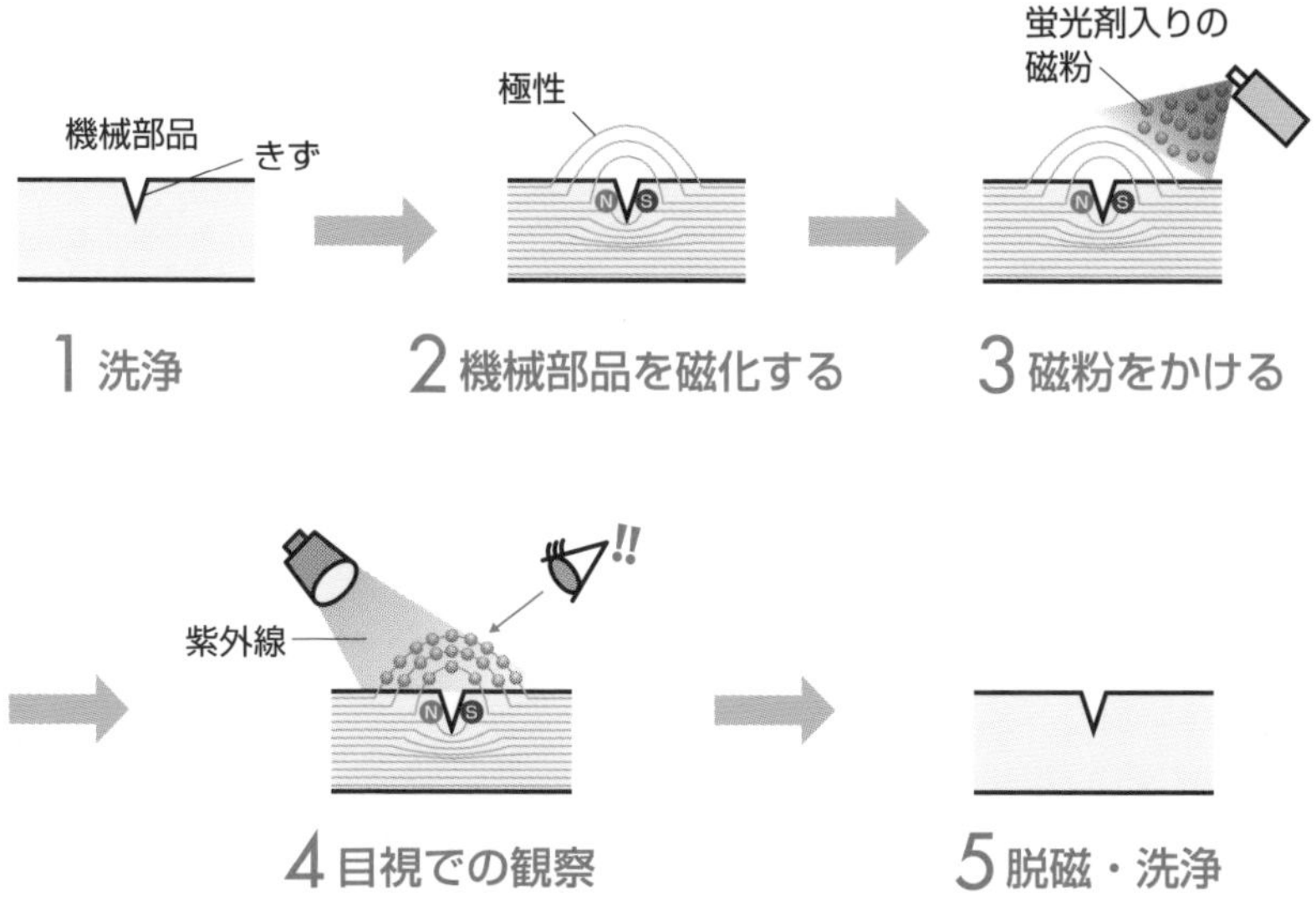

36 浸透検査

簡易な試験で表面の「きず」や割れを確認

浸透探傷試験は材料の非破壊検査法の一種であり、材料表面にある微細で開口した「きず」を検出する方法です。

他の非破壊検査と同様、材料を破壊せずに「きず」の検出を行うことができるため、出荷物の全品検査などに用いることができます。特に染色浸透探傷（カラーチェック）は、特別な設備を必要とせずに現場で手軽に実施できるという利点があります。金属材料だけでなく、非金属材料にも適用できることも優れた点です。

浸透探傷試験は一般に次のような手順で行います。

①前処理→②浸透処理→③洗浄処理→④現像処理→⑤観察→⑥後処理

①前処理では、表面の「きず」の中への液体の浸透を妨げる埃、油脂類などを各種溶剤により洗浄する工程です。②浸透処理は毛細管現象を利用した方法で、表面に「きず」を持つ試験体に、目視しやすい色（染色浸透液）や、輝き（蛍光浸透液）を持たせた液体を「きず」内部に浸透させます。③洗浄処理では、浸透処理後に表面に付着している余剰浸透液を洗浄液や水などで洗浄します。④現像処理は、「きず」部分に浸透し保持されている浸透液を現像剤を用いて表面に吸い出す工程です。⑤観察工程では現像処理で現れた模様を観察します。染色浸透探傷試験では白色光の下で、蛍光浸透探傷試験では紫外線の下で観察します。また、ピンホールは斑点として、割れなどは線状になって現れます。

浸透探傷試験は多孔質材料には適用できません。また、一般に現像後の指示模様から「きず」の深さなどを求めることはできません。しかし、表面上の「きず」から生じる材料破壊などを防止するには有効な検査となります。

着目する「きず」の状態に応じて有効に活用しましょう。

要点BOX

●金属、非金属材料の表面上の「きず」を検査

●染色浸透探傷試験と蛍光浸透探傷試験がある

試験方法の種類

浸透液の色調	蛍光
	染色
洗浄方法（除去方法）	溶剤除去性
	水洗性
	後乳化性
現像方法	湿式現像法
	乾式現像法
	速乾式現像法
	無式現像法

試験の手順

1. 前処理

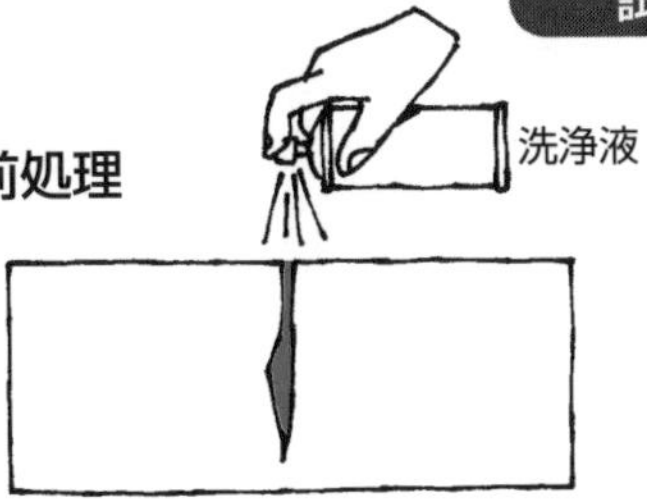

2. 浸透処理

3. 除去処理

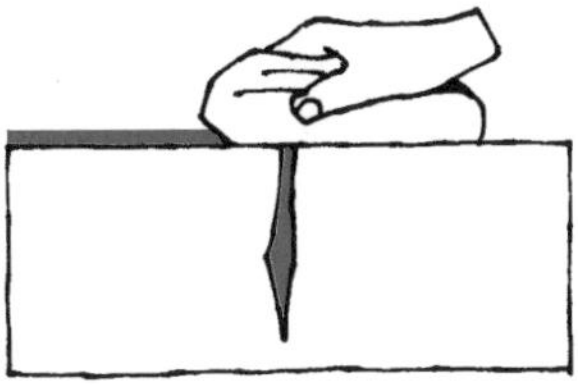

4. 現像処理

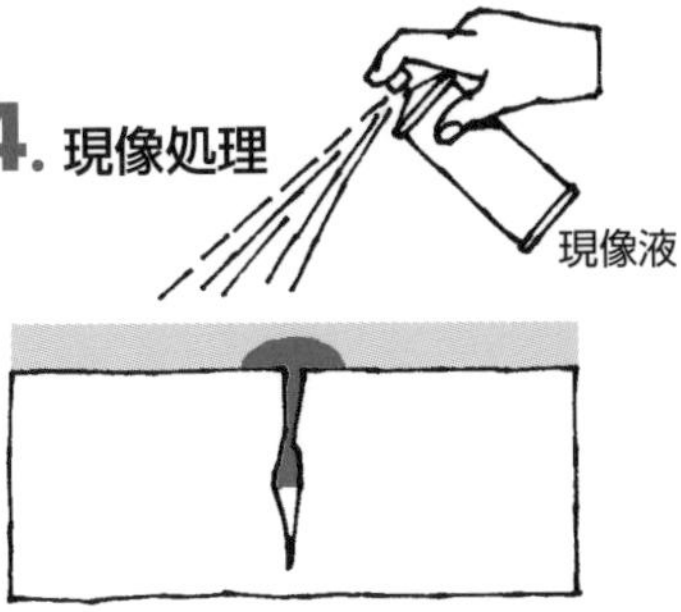

5. 観察

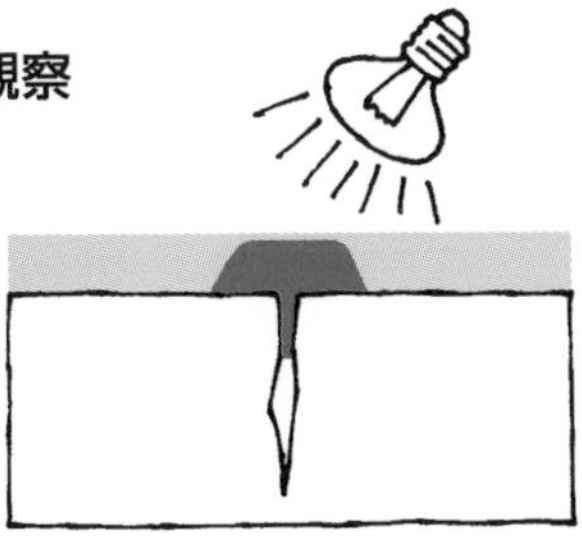

37 放射線透過検査

物体内部の立体状の「きず」を検出する

放射線透過検査は、放射線を照射した方向に対して、物体内部の奥行がある立体状の「きず」を検出する非接触・非破壊の検査です。この検査では、「きず」の位置を特定したり大きさを測定することは難しくなります。

検査で用いる放射線は、波長が0・1nmのエネルギーをもって運動している素粒子です。つまり、可視光線の1／1000以下の短波長である「X線」を用います。大きな特徴としては、①物質を透過する、②物質を通過するとエネルギーが弱まる、③写真フィルムに当てるとその強さに応じて黒くなる、の三つがあります。

放射線透過検査では次頁上左図のように、放射線の照射方向に対して奥行のある立体状の「きず」を、小さなものでも検出することが可能です。

一方、厚さが薄い面状の「きず」は、放射線の照射方向に対して15°以上傾いていると厚さの差がほとんどなく、検出することが難しくなります。そのため、超音波探傷検査（38項参照）と併用することが、検出漏れを防ぐのに有効です。

最も一般的な検査方法は、左頁上右図のように検査対象物をはさんで片方に放射線源を設置して、もう一方にフィルムをセットして撮影します。そうすることによって、検査対象物を透過した放射線量の差により感光したフィルムの濃度に変化が現れるため、内部にある「きず」を視覚的に判定することができます。そのイメージを左頁の下の表に示します。

検査対象物も特に限定されないため、外から見ただけではわからない物体内部の「きず」を透かし見ることができる非常に有効な非破壊検査です。

なお、放射線は多量に被爆すると人体に深刻な障害が生じたり、遺伝子に悪影響が及びます。そのため、その取扱いには十分な注意が必要になります。

要点BOX
●厚さが薄い面状の「きず」の検出は困難
●放射線の取扱いには十分な注意が必要

放射線検査で検知可能な「きず」

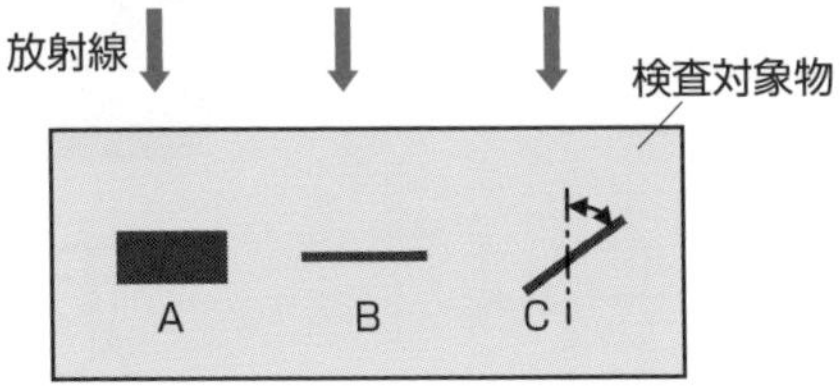

A：厚い「きず」（ブローホール、スラグ巻込み、引け巣、介在物など） ⇒ 検出容易

B：薄い「きず」（割れ、溶込み不良など） ⇒ 検出困難

C：15°以上傾いた薄い「きず」 ⇒ 検出困難

放射線検査方法

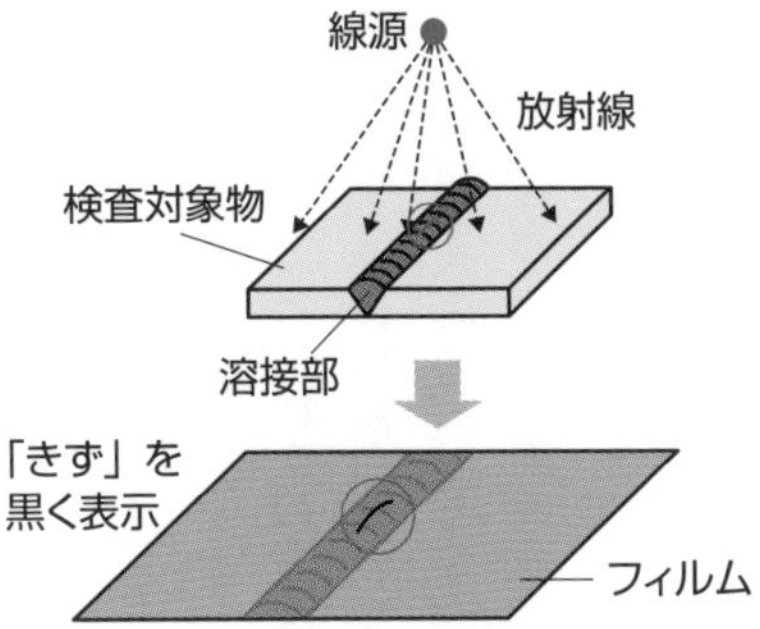

放射線で非破壊検査する溶接「きず」の種類と検出像

溶接「きず」の種類	溶接部断面	検出像	
溶込不良(IP) 溶込が不足した状態	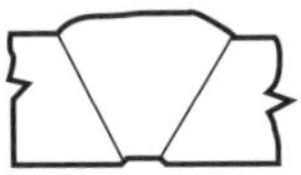	暗いラインの像として現れる	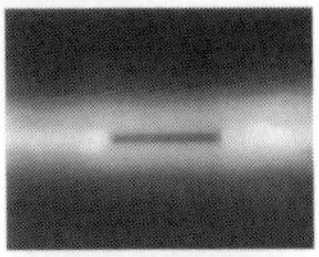
溶込過剰(EP) 溶込が多くはみ出した状態	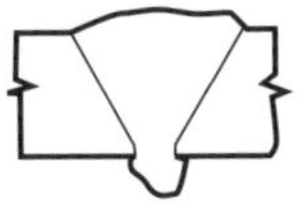	白いラインの像として現れる	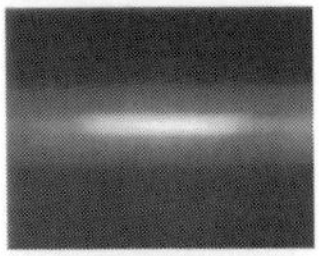
ブローホール(BH) 残留ガスにより空洞が生じた状態	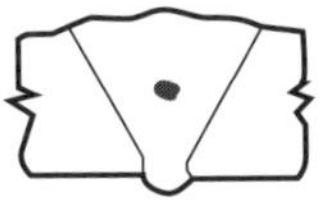	黒い丸い点として現れる	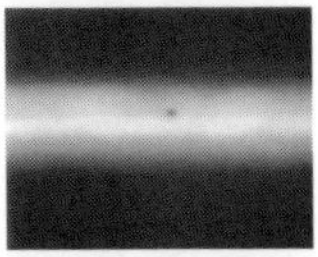
スラグ巻込(SI) 溶接棒の被覆材(スラグ)やその他異物が残留した状態	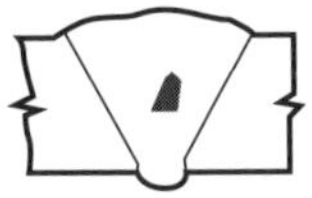	不規則な暗い形の像として現れる	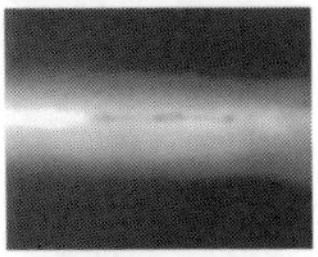
割れ(C) 応力、急冷、水素などによる脆化が原因で割れた溶接部が割れた状態	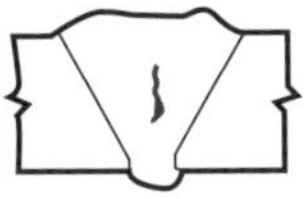	細くて暗い線が水平に現れる	
タングステン巻込(TI) ティグ溶接の電極で用いるタングステンが残留した状態	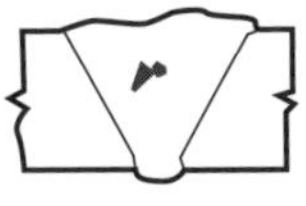	明るい白い点が現れる	

38 超音波探傷検査

物体内部の面状の「きず」を検出する

超音波探傷検査は、超音波を利用して物体内部の面状の「きず」を検出する非破壊検査です。この検査は、UTとも呼ばれています。「きず」の位置や大きさの測定が可能です。検査で用いる超音波とは、概ね20 kHz以上の非可聴域における弾性波を指します。電磁波の届かない箇所であっても振動や音波が届く場合には適用でき、一方向からの探傷が可能です。装置の軽量化と探傷結果の画像化が進んでいます。

超音波はパルス発信器から発生した超音波パルスを探触子（プローブ）から発信します。探触子を検査対象物に当てておくと、特定の周波数と振動モードで発信された超音波は物体内部の「きず」で反射され、探触子の受信器へと返ってきます。振動モードがパルス波であれば送受信の時間差から、連続波であれば送信波と反射波の共鳴による周波数のピークから、「きず」の位置と大きさがわかります。この判断には高度なスキルが必要なため、検査を行うには、資格認定者でなければなりません。

超音波探傷検査は、高圧ガス容器の溶接部検査、船舶、航空機などの設備検査、鋼管の溶接接合部欠陥検査などに使用されます。また、橋脚などの鋼構造物やプラントにおける一般的な非破壊検査として活用されています。長年にわたって使用する機械は、疲労破壊が発生することがあるため、疲労箇所に見られる「きず」を早期に発見する必要があります。この検査によって、構造材料の破断に至る前に対策を施すことが可能です。

また、鋳物部品では、製品の内部に鋳巣と呼ばれる空洞状の欠陥があるため、規定以上に存在しないことの確認に使用されます。強度確保が必要な溶接部品の場合は、溶接作業者による品質のばらつきを確認するために使用されています。

要点BOX

- 「きず」の位置や大きさの測定が可能
- 壊れる前に「きず」を発見できる

超音波探傷器

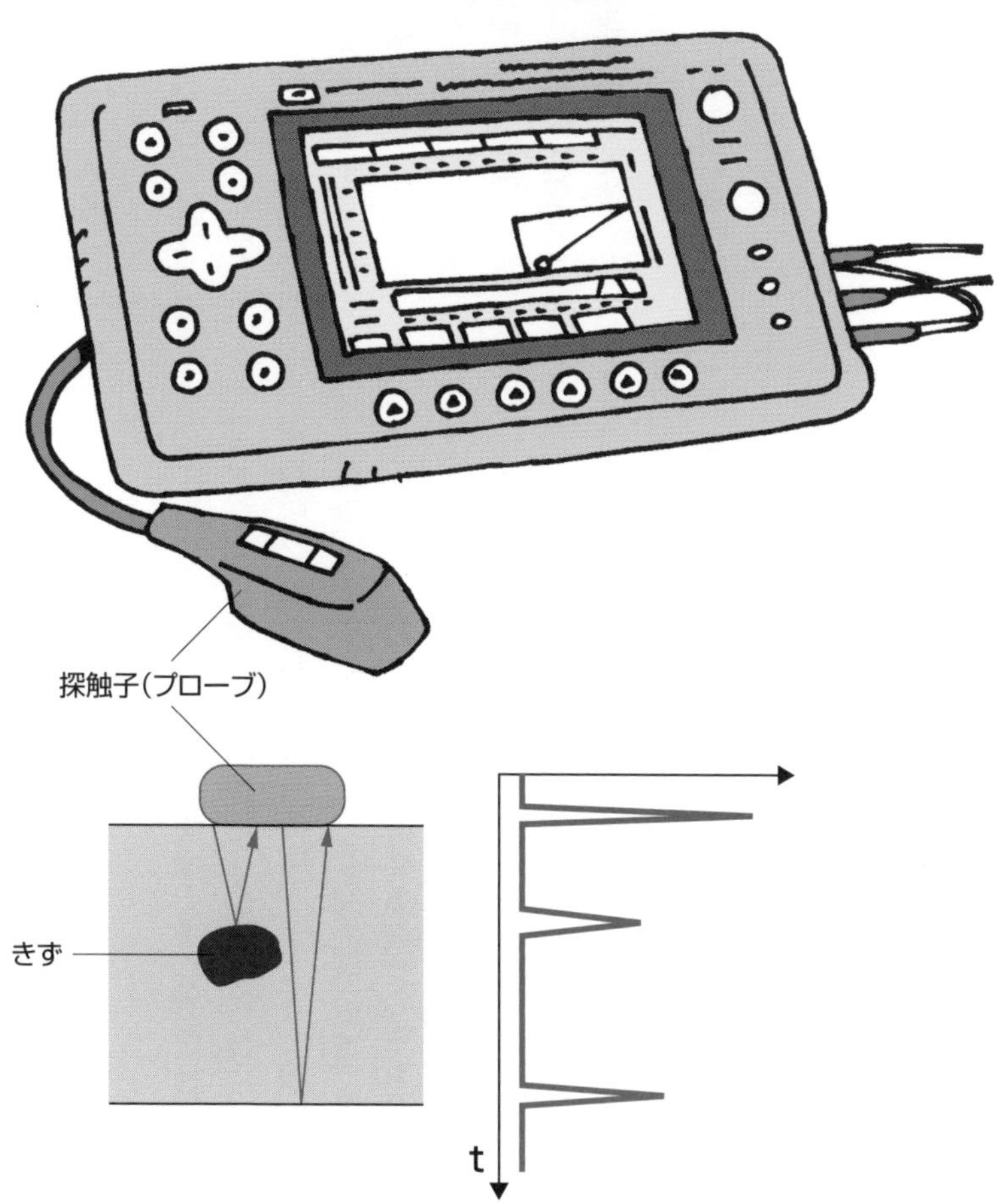

デジタル探傷器の構成ブロック図（例）

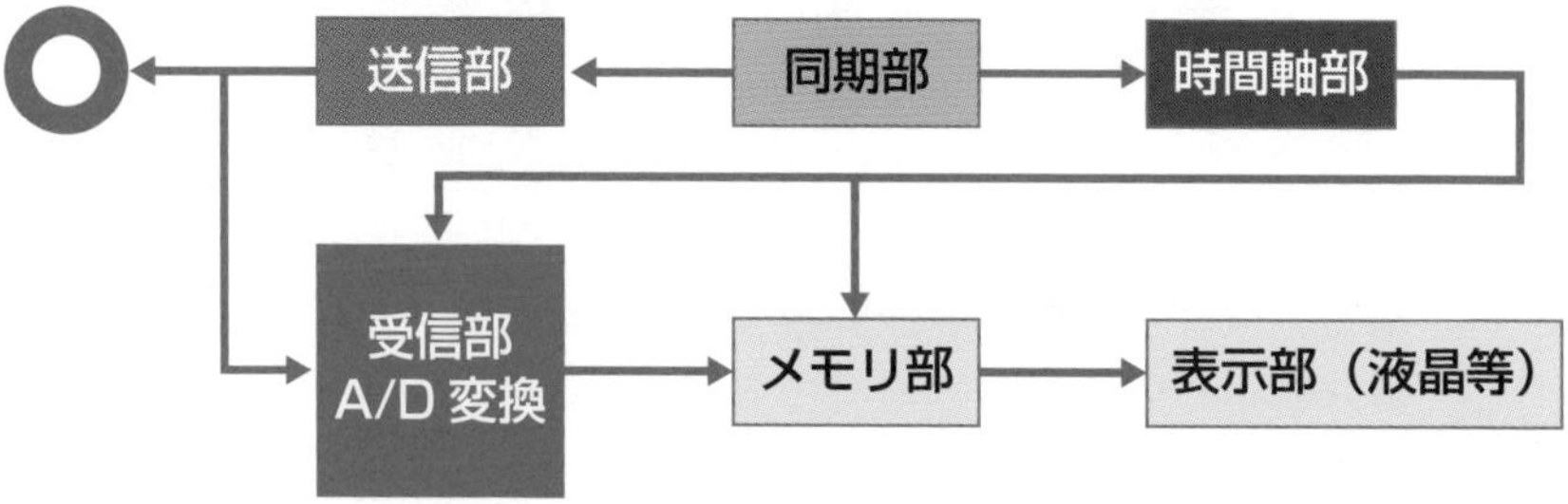

39 渦流探傷検査

配管の定期検査には欠かせない技術

航空機のエンジンや化学プラントの配管、特に細管において、き裂などのもとになる「きず」を非接触・非破壊で検査する方法の一つに、電磁誘導を利用した方法があります。これを渦流探傷検査、あるいは単に渦流検査と呼びます。

渦流探傷検査は、電磁誘導可能な導電性の材料の部品のみに適用できます。また、事前に検査対象の電気抵抗値を把握している必要があります。

交流の電気を流したコイルを部品に近づけると、そのコイルに生じている磁束の影響で電磁誘導が起こり、部品に渦電流が発生します。このとき、切欠のような開いた形状があると、渦電流はこれを迂回するように流れ、一様な材料のときと比べて検出される電流値に変化が生じます。この変化から部品にある「きず」を探り当てることができます。

発生させる渦電流の密度はコイルに近い部品表面が最も高く、深さ方向に深くなれば漸減するため、比較的肉厚の薄い部品の検査に適しています。電流値の変化は通常、オシロスコープのような表示器に波形として出力しており、検出した「きず」の形状や大きさは、この波形の出方で推測できます。

渦流探傷検査の検出方法には、単体方式、自己比較方式、標準比較方式があります。また、渦電流の励起と変化量の検出方法によって、自己誘導方式、相互誘導方式に大別されます。

渦流探傷検査の優れている点は、検出器で捉えた信号波形から「きず」の深さや体積を比較的高速に判定可能である点です。したがって、長大な配管に対しても、自動運転・自動検出のシステムを構築できます。一方で、複雑な形状の対象物の場合は渦電流の流れも複雑になるので、得られた信号から異常を検出しているのか否か判断が難しくなります。検出方法によっても得手不得手があるため、検査対象の形状に合わせた選択が必要になります。

要点BOX

- ●電磁誘導による渦電流を用いた探傷方法
- ●非破壊で表面近傍の「きず」を見つけ出す
- ●単純形状であれば自動探傷も可能

渦電流発生の原理

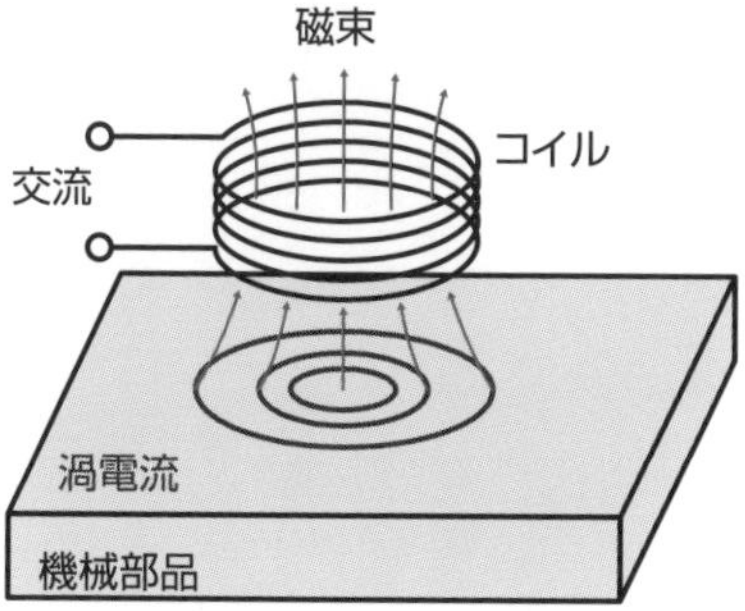

渦流探傷検査の方法

●きず（欠陥）と渦電流

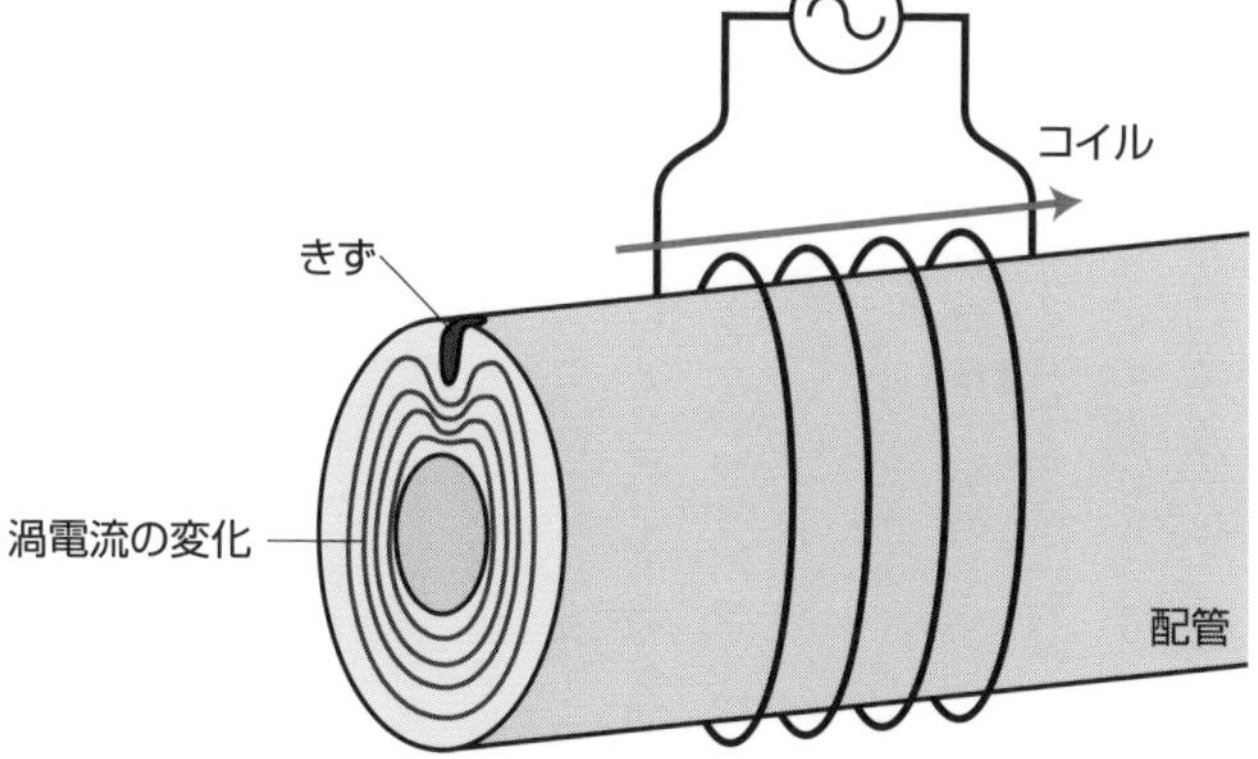

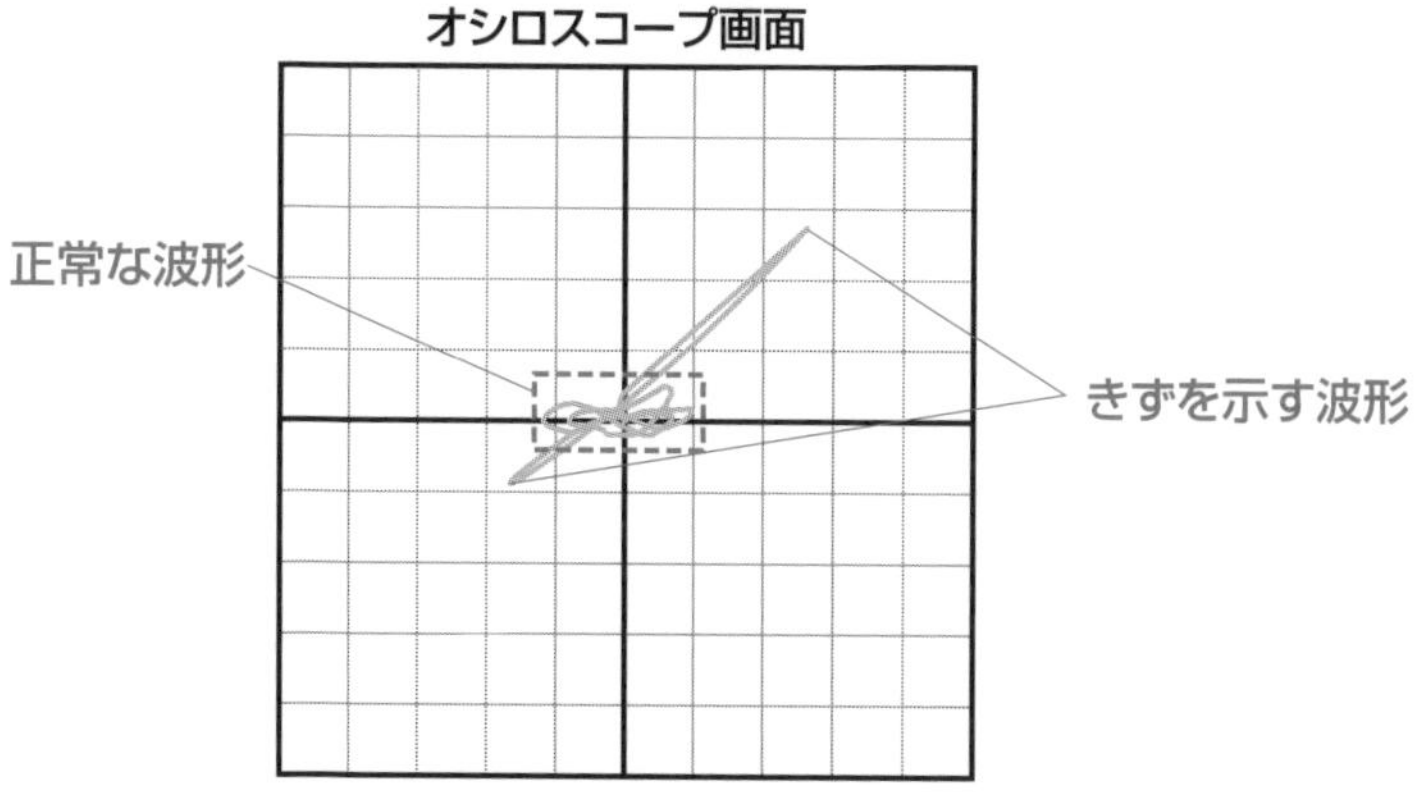

40 ミクロ組織検査

隠れたミクロの世界を明らかにする！

金属材料組織のミクロ検査の方法として、腐食によって濃淡をつけた材料の結晶組織を顕微鏡で観察し、結晶の生成状態や量、分散具合から材料の定性的な状態を把握する方法があります。部品に熱処理を施すとき、部品と同じ材質の試料も同時に処理してこの検査をすることで、熱処理の品質を確認できます。例えば、浸炭焼入れした低炭素鋼ならば、表層付近には炭素の導入による硬い組織や脆い組織を、表層から深さ方向へ入るにつれて軟らかい組織を見ることができます。

ミクロ組織検査を行うためには、観察する試料を切断し、その断面をきれいに磨き上げることが重要です。通常は１μm単位の非常に細かな微粒子を用いた鏡面研磨で仕上げます。次に、観察したい組織に合わせて適切な腐食液を選びます。材料または腐食液の種類や濃度によって、組織を浸食させる時間や環境温度の調整が必要です。

炭素鋼であれば、最も用いられる腐食液はナイタール溶液です。これは塩酸と硝酸の混合液で、主にマルテンサイトなどの炭化物組織を現出させます。また、JIS G0551にはオーステナイト粒を、JIS G0552にはフェライト粒を現出させる方法がそれぞれ提示されています。オーステナイト粒やフェライト粒は、結晶粒のサイズから粒度を求める方法が決まっていて、その模範もJISに掲載されています。実現したい強度や靭性を持つ組織模範があれば、それと比較することで、部品が必要な特性を満たすか、おおよその判断ができます。ただし、実際に観察できる組織は千差万別であり、正確な判定には経験を積む必要があります。また、腐食液は劇薬であり、その取扱いや保管・処分方法には十分な注意が必要で、法令による規制もあります。検査が不慣れであれば、熱処理業者や検査機関へ検査・判定を依頼するのがよいでしょう。

要点BOX

- ミクロ組織で金属の状態がわかる
- 検査には目的に見合った腐食液が必要
- できれば検査のプロに任せた方がよい

ミクロ組織検査の手順

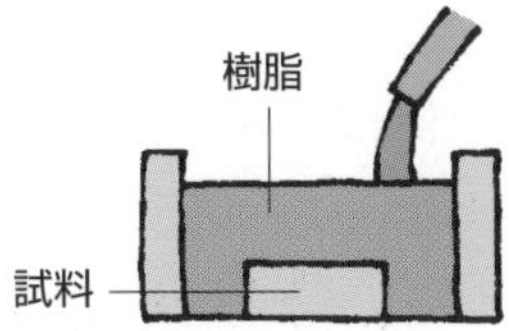

①試料の埋込

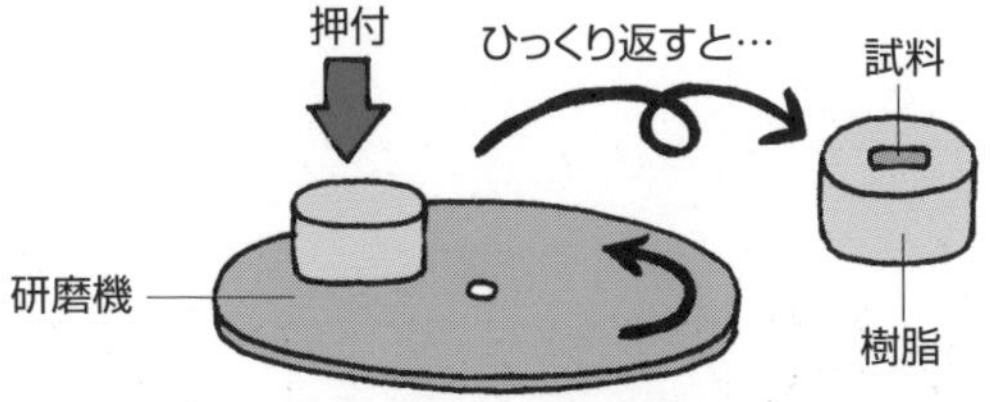

②観察面の研磨

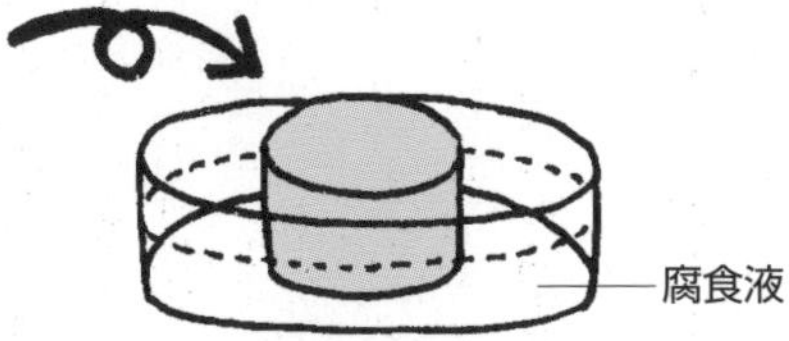

③観察面の腐食

④観察面の洗浄

⑤観察

⑥組織確認

鋼に用いる主な腐食液

腐食液	特徴
塩酸+硫酸銅	マーブル試薬と呼ばれる。主にステンレス鋼へ用いられる。
硝酸エタノール	ナイタール溶液と呼ばれる。主に炭素鋼の組織現出に適している。溶液や観察組織が指定されない場合には、この溶液を用いることが多い。
ピクリン酸エタノール	ピクラール溶液と呼ばれる。ナイタール溶液とほぼ同じ用途だが、炭化物はより現出しやすい。
ピクリン酸飽和水溶液+ 塩化第二鉄	炭素鋼の旧オーステナイト粒を現出させるのに用いる。
塩酸+ピクリン酸エタノール	特に耐熱鋼の旧オーステナイト粒を現出させるのに用いる。

Column

各種検査・試験方法

ここでは本章で取り上げなかった検査・計測方法を紹介します。

①ひずみ検査…光弾性測定法を用いた検査方法で、光の偏向を利用します。材料の応力状態が干渉縞として現れます。プラスチックやガラス等に適用できますが、光を通さない材料では検査できません。

②赤外線検査…対象となる構造物に温度を加えたとき、一様構造であれば一定パターンの温度分布になるのに対して、構造が脱落したり欠損していると温度分布が乱れます。サーモグラフィを用いて捉えることで、非破壊のまま欠陥を見つけ出すことが可能です。

③AE検査…AEとは〝Acoustic Emission〟のことで、材料の内部で微小な破壊が起きたときに生じる音波のことです。部品が完全に壊れる前にその危険を確認することができます。主に圧電素子を用いて検出しますが、良好な測定環境でなければ検出自体が困難な場合もあります。

④電子顕微鏡…透過型電子顕微鏡（TEM）と走査型電子顕微鏡（SEM）があり、いずれも照射した電子線の行方を検出して映像化します。TEMは対象物に照射した均一な電子線のうち透過したものを捉えており、内部観察が可能です。SEMは照射した対象物から反射して散乱したりエネルギーを失った電子線を検出しており、表面観察に用いられます。

⑤量子計測…量子力学的効果を利用した新しい計測技術で、原子や電子、光子のふるまいを捉えることで、電磁場や温度の変化を極めて精密に検出することができます。日本が世界で初めて標準時に採用した光格子時計や、自動車の自動運転技術に欠かせない車両周辺の立体像を作り出すLiDARも量子計測技術で実現しています。

機械材料の検査・試験は、対象物を破壊するものと非破壊のまま取り扱えるものに大別できます。目的に応じてうまく使い分けましょう。

第6章
機械材料の改質

41 焼入れ、焼戻し

金属に「命」を吹き込む職人技

焼入れとは、金属を硬くする熱処理のことで、高温に熱した金属を急冷することを指します。高い温度によって金属組織を分散した状態にしてから急激に冷却することで、硬い元素が金属中を拡散するのに必要な時間を与えず、組織として析出させます。

一方、焼戻しとは、金属に粘りを与える熱処理のことを指します。焼入れをした金属を結晶構造が変化しない程度の温度に馴染ませた上でゆっくりと冷却し直します。そうすることで硬い組織の一部だけを変化させて、硬さと粘りを共存させた金属にすることができます。

一般に熱処理とはこのような焼入れと焼戻しを指し、両者をセットとして処理します。高い応力が掛かる金属製品は、変形や破断、早期の摩耗を発生させてしまうことがあります。これに対して、焼入れ・焼戻しを行って金属の性能を高めることで、これらの不具合を抑制することが可能になります。熱処理が「金属に命を吹き込む作業」といわれる所以です。

焼入れ・焼戻しとも制御する条件は非常に多く、処理温度、処理時間、冷却速度、冷却溶媒の種類などが影響します。対象となる金属素材も、熱処理の種類や工程によって得手不得手があります。鋼であれば、炭素量によって硬さが変わる、焼入れ性を高める合金元素の種類や量によってその効果が異なる、といったことも注意点になります。使用する熱処理炉でも、段取り前の慣らし運転時間や製品の炉内配置で結果が変わる場合があります。製品形状の観点なら、薄肉品や長尺物ほど高温による変形（変寸や狂い）を生じやすくなります。また、肉厚品であれば製品表面と芯部で冷却スピードに時間差が生じ、焼割れや焼むらが生じやすい傾向にあります。

金属製品に命を吹き込めるかどうかは、適切な材料選定と設計、そして熱処理条件を設定できるか否かに掛かっています。

要点BOX

- ●焼入れは急冷による金属の硬化
- ●焼戻しは硬化した金属に靭性を付与
- ●熱処理技術者と共に綿密な検討が必要

焼入れと焼戻しの工程

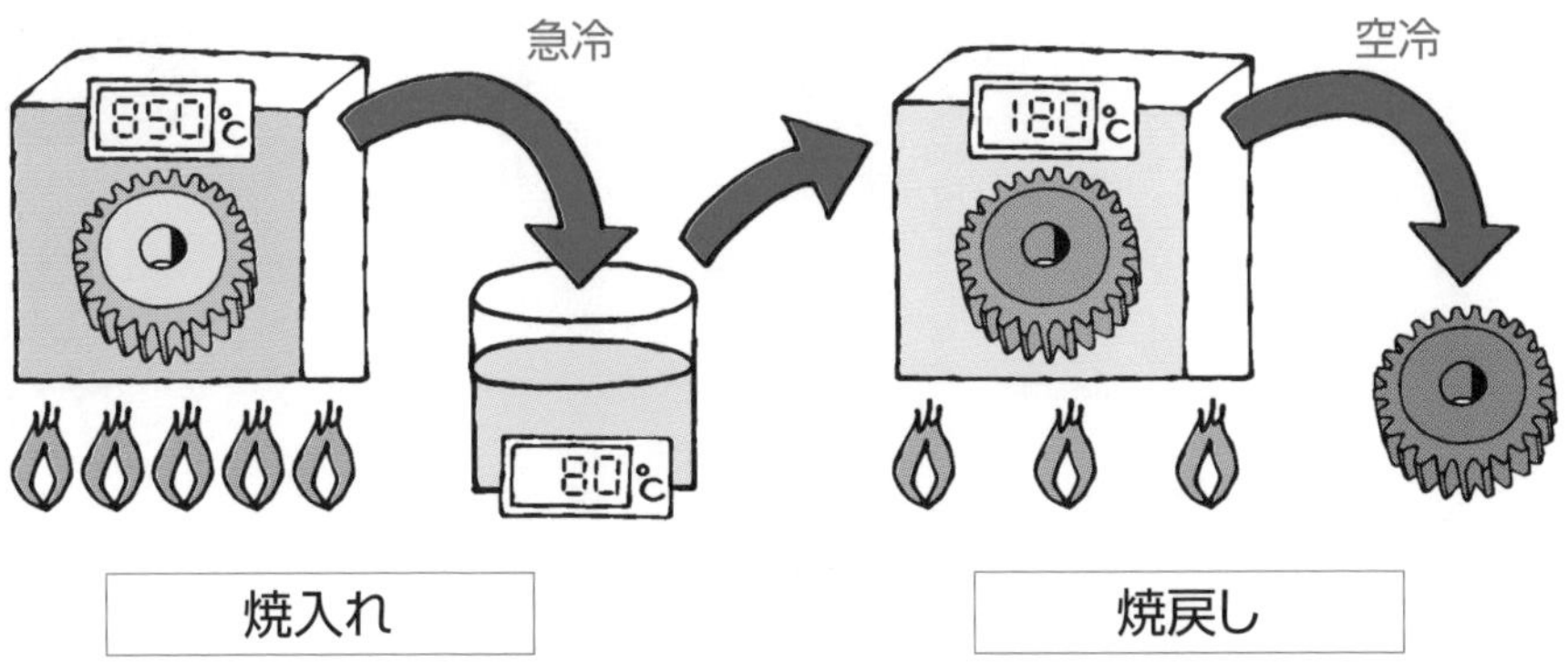

熱処理による部品のひずみ

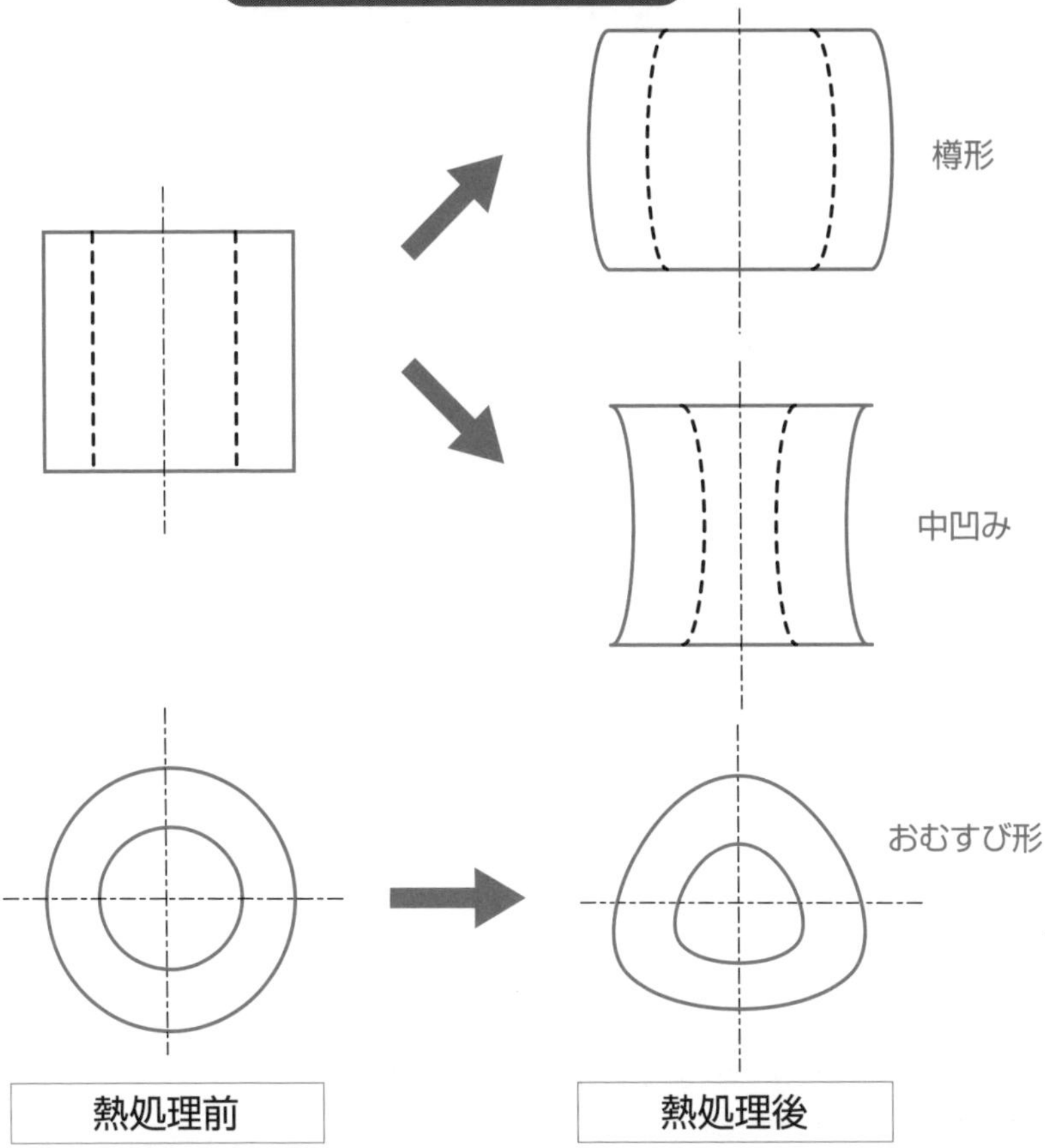

42 焼ならし、焼なまし

冷却方法を使い分けて機械的な特性アップ！

焼ならしとは、鋼材を高温にさらすことで材料組織の均一化を図る処理のことです。焼準（しょうじゅん）とも呼ばれます。圧延や熱間鍛造などで鋼材をつくると、形状の厚みや冷却速度の違いから、材料組織がひずみ、壊れやすい状態になることがあります。この対策として、鋼材を高温にさらしてオーステナイトと呼ばれる軟らかく展延性に富んだ組織に揃えることが有効です。鋼の組織が完全なオーステナイトに変態する温度は含有する炭素量によって変わりますが、800℃以上は必要です。また、オーステナイト化した後は空冷で常温に戻します。これにより、やや硬く延びにも富む微細な層状組織に揃えることができます。

同じような処理に、焼なましがあります。焼鈍（しょうどん）とも呼ばれる焼なましの目的は、鋼材を軟らかくして切削や塑性変形を容易にすることです。加工硬化（47項参照）した鋼材にそのまま次の加工を行うと、割れや面粗さの悪化を招くことがあります。そこで、焼ならしと同じくいったん高温状態に置きます。この温度は、炭素の含有量が少ないときは完全オーステナイト化する温度ですが、炭素量が多いときは一部に鉄の炭化物を含む温度に抑えます。その後、炉に入れたままゆっくりと冷却することで、比較的軟らかい層状の組織に変化します。この処理は鋼材の硬さを下げるので、製品として高い硬度が要求される場合、最終加工の前では適用できません。また、500〜600℃で保持する処理もあり、低温焼ならしと呼ばれます。この処理は残留応力の緩和を目的としています。

焼ならし、焼なましともに、前工程までの影響で生じた材料組織の変化をキャンセルでき、後工程で生じ得るさまざまな不都合を未然に防ぎます。しかし、前者と後者では目的が異なります。その違いを正しく理解しておきましょう。

要点BOX

- ●焼ならしは内部組織の均一化処理
- ●焼なましは加工前に軟らかくする処理
- ●冷却方法の違いでコントロールする

焼ならしと焼なましの違い

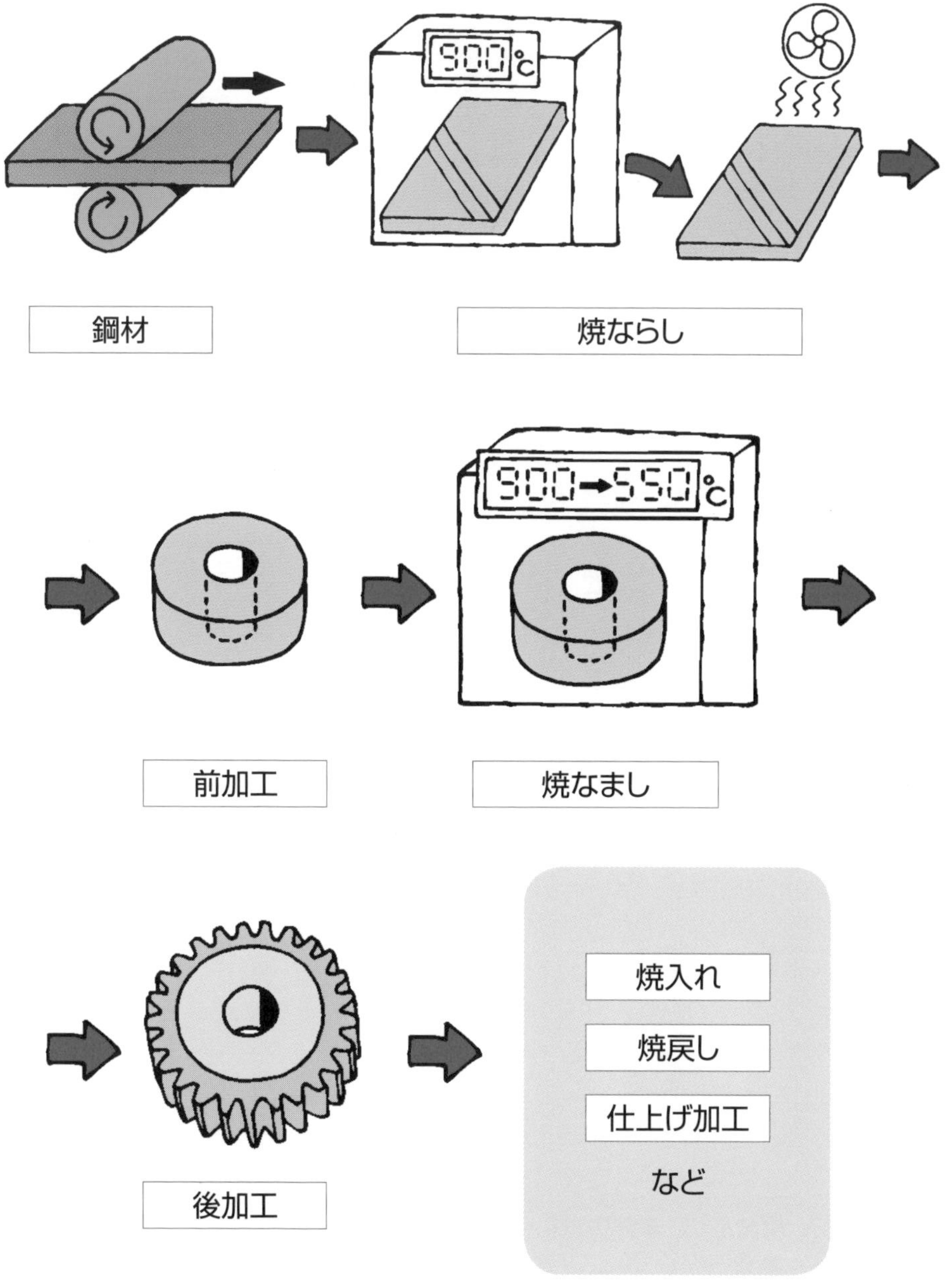

43 サブゼロ処理

残留オーステナイトをマルテンサイト化する

サブゼロ処理とは、「残留オーステナイト」をマルテンサイト化するために、0℃以下の温度に冷却する熱処理方法です。

焼入れ（41項参照）によって、「オーステナイト化した鋼を急冷してマルテンサイトにする」ことで材料の硬度を上げることができます。

しかし、全てがマルテンサイトになるわけではなく、残留オーステナイトとして一部が残ってしまいます。この残留オーステナイトは非常に不安定で、時効の特性を持ち、時間経過とともにマルテンサイト化が進むことで体積変化を生じ、寸法変化（変形）の原因になります。また、硬さの低下や割れの原因にもなります。

残留オーステナイトは鋼の炭素量が高くなるほど多くなり、焼入れ時の冷却速度によっても変わります。通常、水焼入れより油冷の方が多く残留します。

この残留オーステナイトを減少させる方法として、サブゼロ処理を行います。焼入れ直後にドライアイス、炭酸ガス、液体窒素などによって、30分～60分間程度0℃以下の温度にして、その後空冷または水中か湯中に投入します。そうすることで残留オーステナイトをマルテンサイト化することが可能で、耐摩耗性を上げることができます。

主な効果としては、硬度の向上と均一性、寸法の安定化、耐摩耗性の向上、経年変化の防止、機械的性質の向上、着磁性の向上などがあります。一方、靭性がなくなるため脆くなるほか、納期やコストが余計にかかってしまいます。サブゼロ処理後に適正な焼戻し（41項参照）を行うことで、脆さをなくして粘りを与えることができます。

このような特徴を持つサブゼロ処理は、高精度を要求されるゲージや軸受や精密機械部品、耐摩耗性が必要な工具や金型などでよく用いられます。

要点BOX

- ●硬度、耐摩耗性、着磁性の向上
- ●寸法の安定化、経年変化の防止
- ●機械的性質の向上

サブゼロ処理のしくみ

焼入れ

↓ 残留オーステナイト

サブゼロ処理

マルテンサイト化

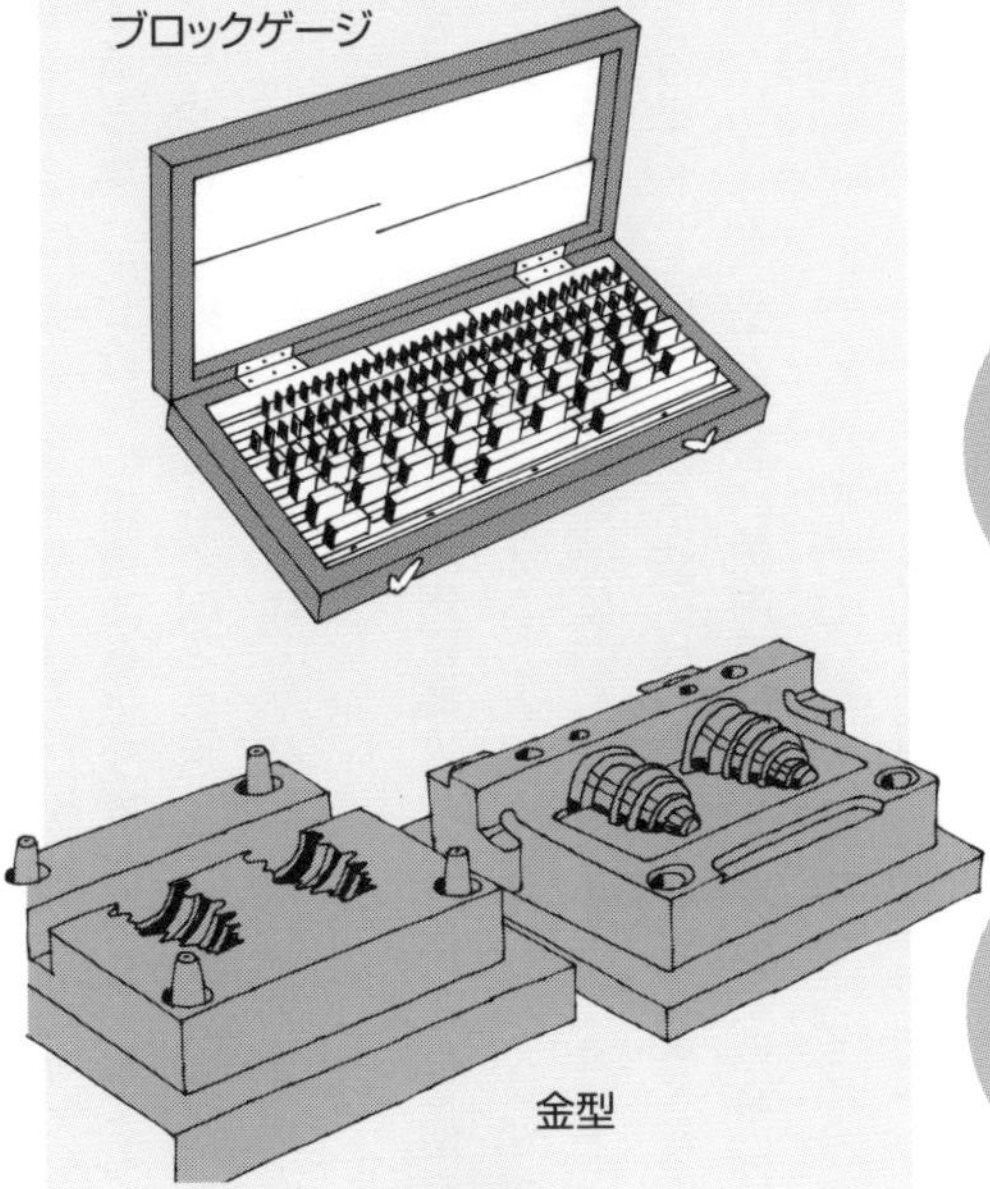

- 硬度向上、均一化
- 経年変化防止
- 機械的性質向上
- 寸法安定
- 着磁性向上
- 摩耗性向上

↓

焼戻し

脆さを抑え、粘りを与える

44 PVD、CVD

蒸発させた物質を用いて被膜をつくる

蒸発させた物質を用いて、機械部品などの金属表面に機械的特性を向上させた薄い層を形成する方法があります。その方法によって物理蒸着（PVD）や化学蒸着（CVD）と呼ばれます。

PVDは、高い真空状態の中で、被膜となる物質を蒸発させて対象とする部品の表面に積層させる方法です。PVDには、電子ビームを用いてターゲットと呼ばれる蒸発物質のプレートを直接活性化するシンプルな手法（真空蒸着）のほか、スパッタリングやイオンプレーティングといった方法があります。

スパッタリングとイオンプレーティングはともに、ターゲットと部品との間に高い電位差を設け、これにより被膜物質を誘導して積層する方法です。前者はガスイオンを衝突させることでそこから叩き出された物質を付着させるのに対し、後者は電子ビームで蒸発させた物質を付着させます。PVDは蒸着した物質の付着性が良好な一方、一般に時間が掛かる上、被膜は比較的薄いものしか生成できませんでした。しかし近年の技術改良で改善が進んでいます。また、反応性のガスを加えることで、蒸発金属とガス原子との化合物を生成して部品へ付着させる技術も確立しています。

CVDは炉内に導入した反応ガスを何らかの方法で加熱分解することで、活性したガスが対象となる部品の表面で反応して製膜する方法です。CVDの代表的な手法には、蒸発させる物質と反応ガスを部品とともに炉内で加熱して被膜する熱CVDや、プラズマを利用して部品へ被膜するプラズマCVDがあります。熱CVDは対象の部品も高温にさらすため、その変質を招く可能性はありますが、大気圧状態で処理可能です。プラズマCVDは熱CVDと比べて低温で処理することができます。CVDは反応ガスが部品の表面に届けば製膜可能ですので、複雑な形状の部品であれば一般にPVDよりも有利です。

要点BOX

- PVDとCVDは表面改質処理の一種
- PVDは一般に処理時間が長い
- 複雑な形状であればCVDが有利

PVDの種類

●真空蒸発装置概念図

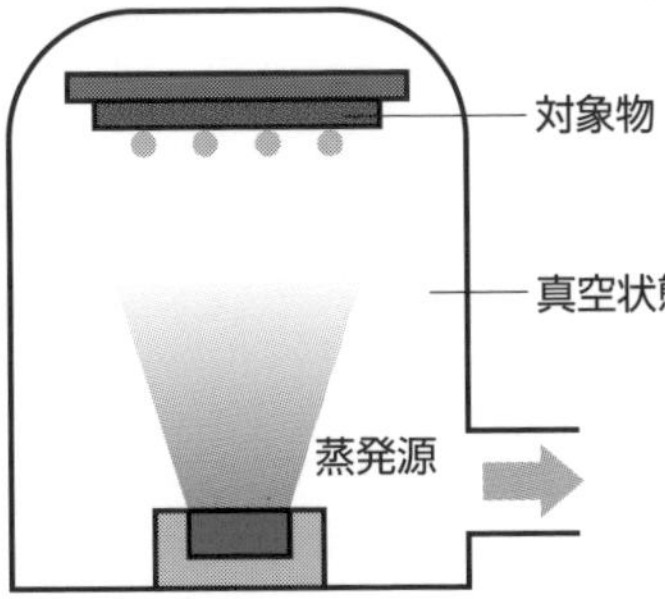

●イオンプレーティング

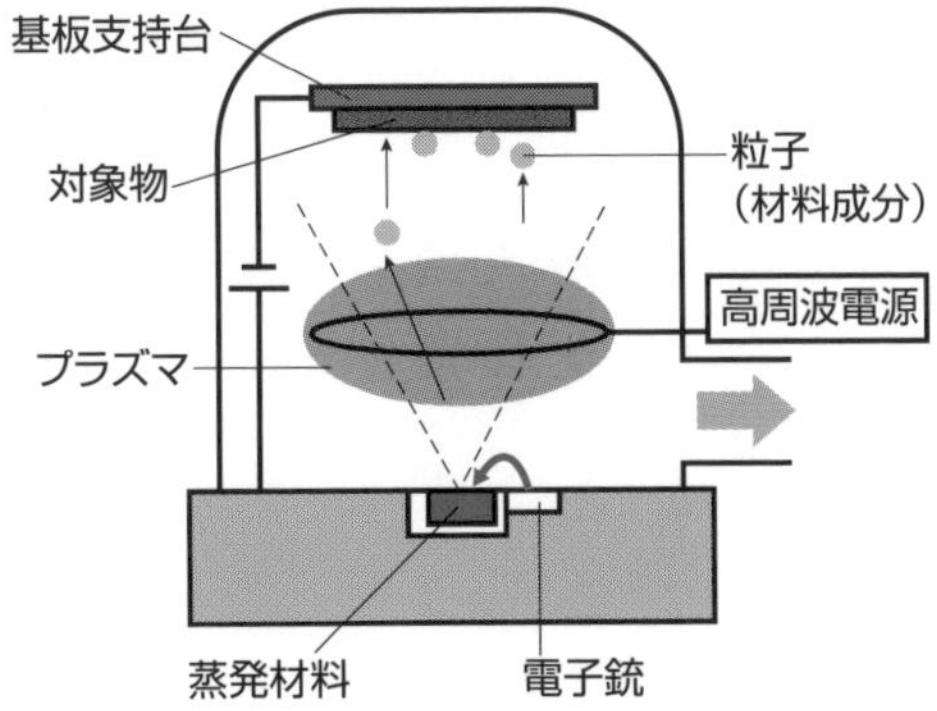

●スパッタリング

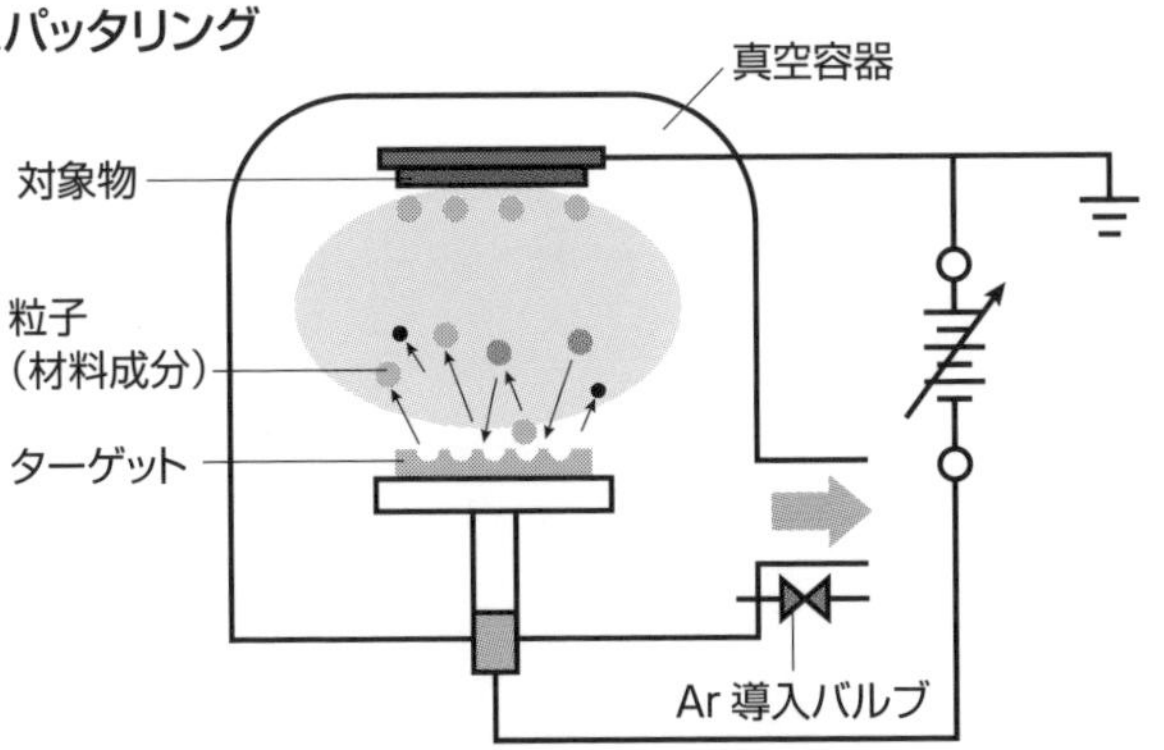

CVDの種類

●熱 CVD

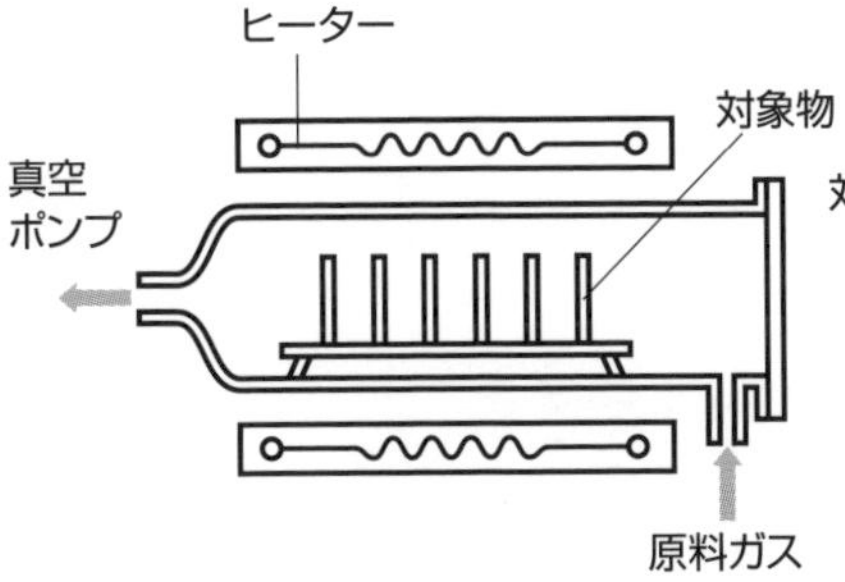

●プラズマ CVD

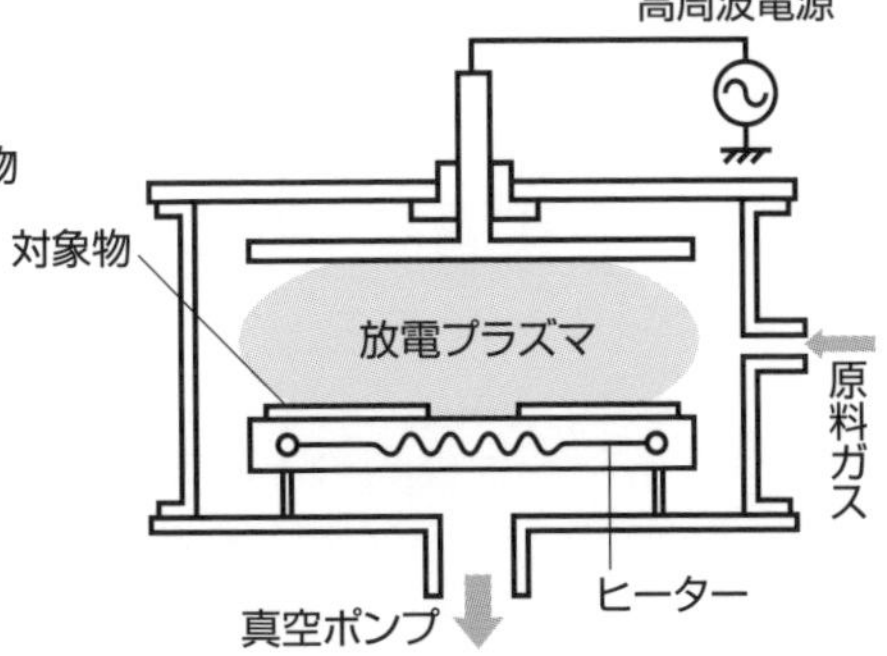

45 高周波焼入れ

表面のみ硬度を効率的に上げる

部品の疲れ強さを向上させる熱処理方法は、表面を硬くして強度を出す一方、内部は軟らかいままにして靭性を持たせることが求められます。

46項にて解説する浸炭処理や窒化処理は、通常、比較的大型の炉に密閉して処理を行います。これに対して、密閉の必要がない熱処理方法として高周波焼入れがあります。

高周波焼入れは、主に中炭素鋼に高周波の誘導電流を流すことで、その表面のみを加熱して焼入れします。

表面から比較的深くまで焼きが入りますが、部品の芯部は焼きを入れないようにできるため、浸炭処理や窒化処理と同じ効果が期待できます。このため、ベアリングや歯車、シャフトなどに採用される例が多いです。適用できる材料は中炭素鋼の他、低合金鋼、マルテンサイト系ステンレス鋼などがあります。

高周波焼入れするには、焼入れしたい部品形状に沿ったコイルを用意する必要があります。逆にコイルの沿わない部分は焼きが入らないため、密閉炉で処理する方式と異なり、局所的な焼入れが可能なことも有利な点です。急速加熱するため処理時間が極めて短く、また装置によっては加熱したまま部品を次のものへ交換することもできます。ただし、焼戻しは必要です。

部品表面は高硬度で耐摩耗性も良好です。熱処理変形は一般に少ないとされ、酸化スケールの発生が少ないことから、研磨など後加工を廃止できる可能性があります。

最近では、熱処理シミュレーションによって、温度やマルテンサイト組織、変形、残留応力などが計算できるようになりました。高周波焼入れを採用できる材料を用いて設計する場合には、検討する価値のある熱処理です。

要点BOX

- ●必要な表面のみ硬度を上げることができる
- ●リードタイムを短縮しやすい

高周波焼入れの例

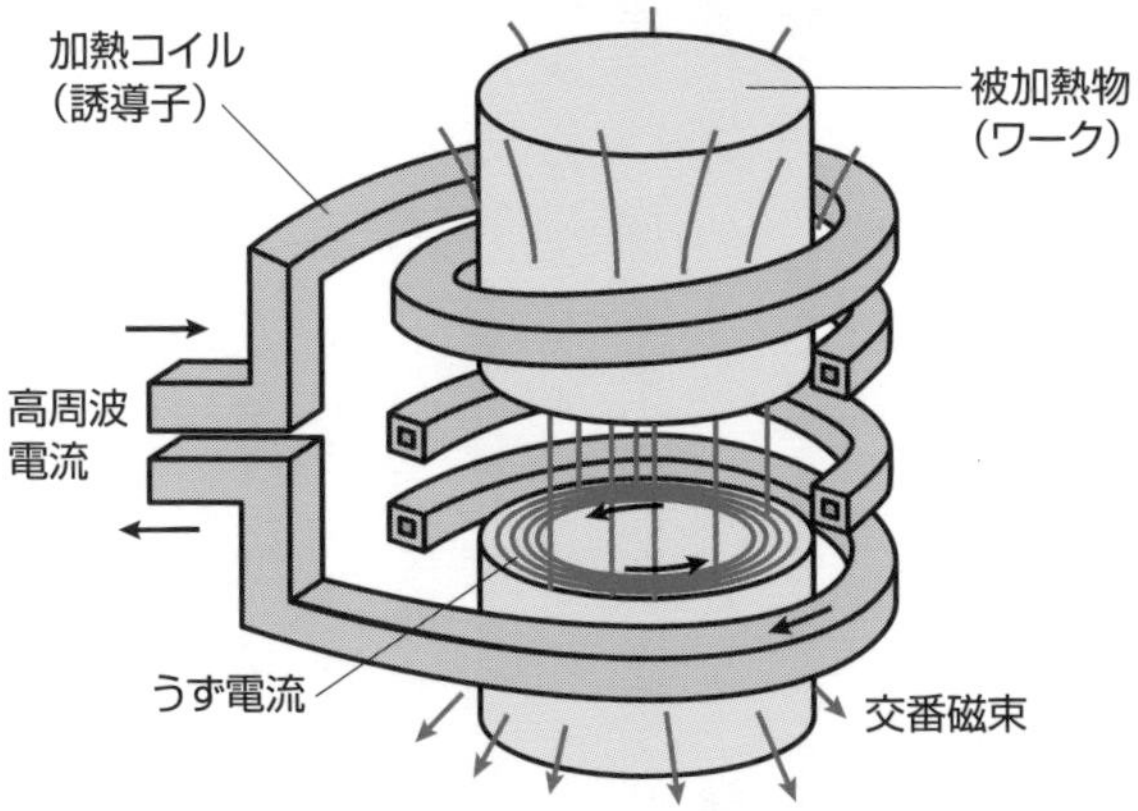

出典:川嵜一博、寺島章、三阪佳孝「高周波熱処理での事例」、
『機械設計』2014年12月号（Vol.58 No.12）、p30、日刊工業新聞社

主な高周波焼入れ適用可能な材料一覧

機械構造用炭素鋼	S**C
ニッケルクロム鋼	SNC**
ニッケルクロムモリブデン鋼	SNCM4**
クロム鋼	SCr4**
クロムモリブデン鋼	SCM4**
マルテンサイト系ステンレス鋼	SUS4**
炭素工具鋼	SK*
球状黒鉛鋳鉄品	FCD***

（*には、数値が入ります）

高周波焼入れを施した部品のイメージ（歯車列）

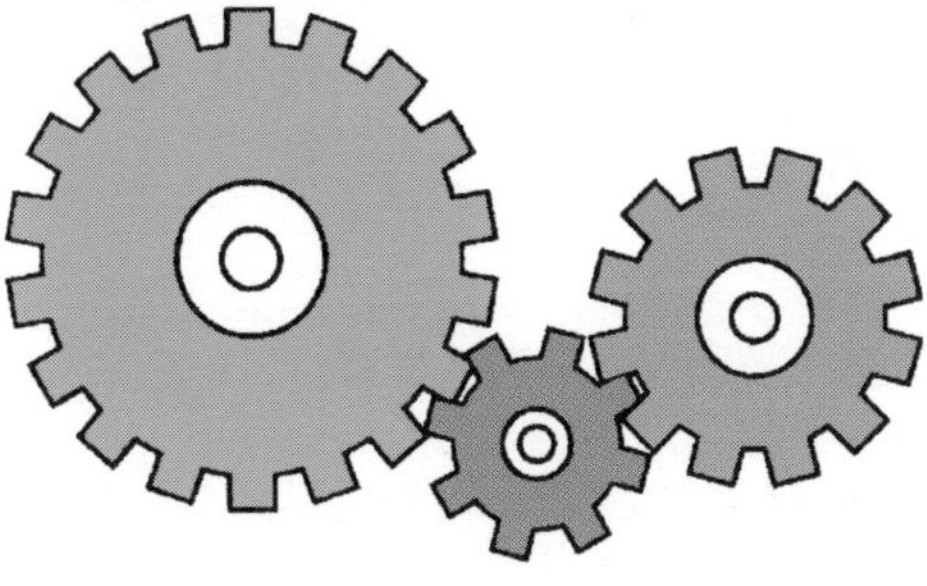

46 浸炭、窒化

表層の硬化を実現する二つの技術

一般に炭素の多い鋼材は比較的硬いため、加工しようとしても抵抗が大きく、思い通りの形状ができなかったり治工具を摩耗させやすいことがあります。そこで含有炭素量が比較的低く加工性が良い鋼材を用いて、加工後に表面を硬化させて製品強度を確保する方法が採用されます。

浸炭とは、炭素を鋼の表面から浸透させて硬度を高める処理のことです。これに対して、鋼の表面に窒化物の化合物層を形成することで硬度を高める処理を窒化といいます。

浸炭された製品は、表面から内部へ向かって炭素が浸透することで、表面が硬く芯に近いほど軟らかいという特徴を持ちます。炭素が浸透している層を硬化層と呼びます。また、表層には圧縮応力が生じることから特に疲労強度を向上させることが可能で、ねじりや振幅が加えられる部品へ多く適用されています。最も用いられるガス浸炭は、焼入れの加熱温度よりも高い温度で、炭素を含む混合ガスを使って炭素の浸透と拡散を促し、その後焼入れ、焼戻し工程へと進みます。製品を比較的高い温度にさらすことになるため、薄肉品などでは熱処理変形の起きやすい傾向となります。

窒化の場合、化合物層の下には窒素濃度の低い拡散層を生じます。窒化できる鋼は原則、安定的に窒化物を形成するAlやCr、Tiなどの合金元素を含んでいますが、塩浴窒化処理やガス軟窒化処理であれば比較的幅広い種類の鋼に対応できます。窒化処理の温度は浸炭処理に比べてかなり低温です。したがって薄肉品で変形を嫌うものには、浸炭よりも窒化の方を検討する場合があります。ガス窒化は、比較的厚く安定的な化合物層を形成できる反面、処理時間が非常に長いです。ガス軟窒化は浸炭と比較して反応層の硬度が低いため、負荷の小さい部品への適用が好まれます。

要点BOX
- ●浸炭は炭素を表面から浸透させる
- ●窒化は表面を窒素化合物で覆う
- ●鋼種や形状、使用法で使い分けが必要

浸炭処理と窒化処理の違い

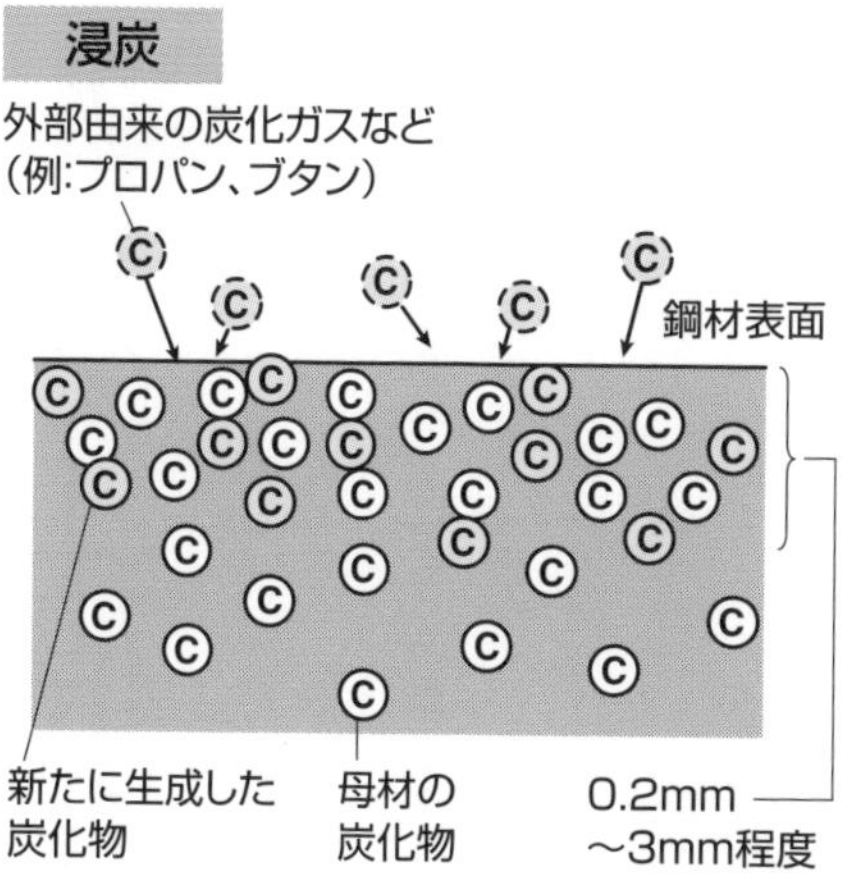

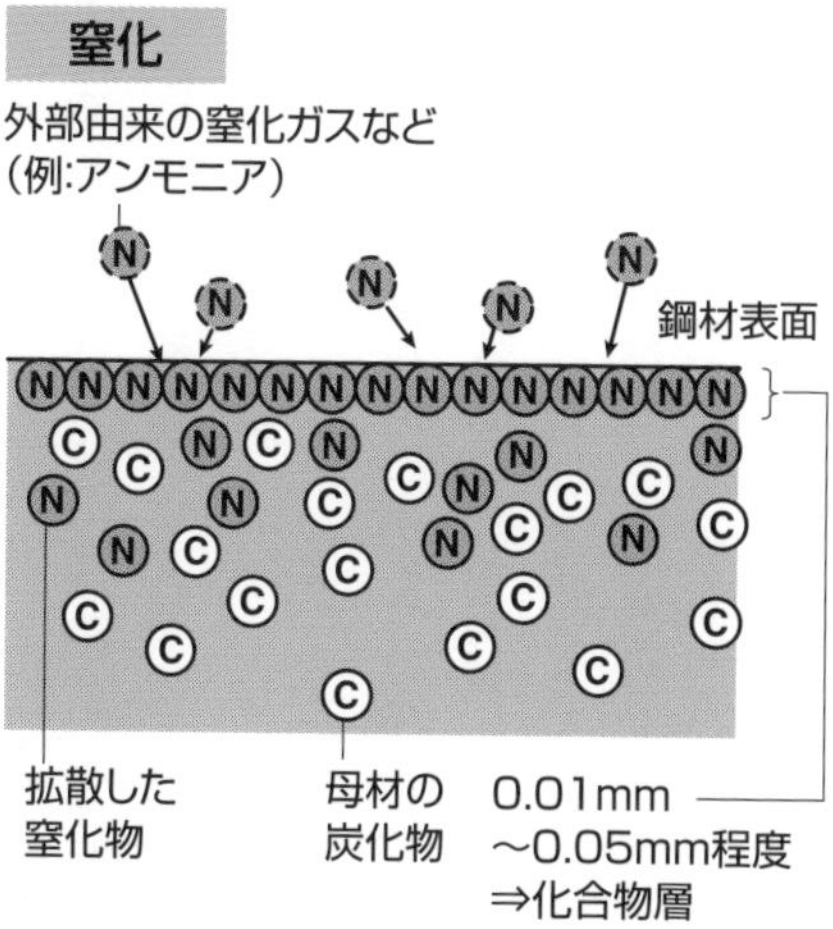

主な浸炭法の種類

名称	特徴
液体浸炭法	シアン化物を利用した塩浴処理であり、浸炭と同時に窒化も行う。シアン化物の毒性を除去するため、高度な排水設備が必要。
ガス浸炭法	変性ガスを利用した方法と、滴下式の分解ガスを利用した方法がある。最も広く用いられている手法である。ガス濃度、処理温度、処理時間によって部品の表面硬度と硬化層深さをコントロールする。
真空浸炭法	真空環境下で少量のガスを導入して、部品の表面の炭素濃度をいったん上げてから内部へ向けて炭素を拡散させる。ワーク表面に酸化層が生じない。表面の炭素が残りすぎると部品が脆くなる。
プラズマ浸炭法	減圧下でイオン化した炭素を部品の表面に衝突させて内部へ侵入させる。プロセスはガスを用いる真空浸炭法に近い。

主な窒化法の種類

名称	特徴
ガス窒化法	ガスの窒素原子が部品の表面へ浸入して窒化物の層を形成する。内側には窒化物が拡散した層ができる。部品には安定的な窒化物を形成する合金元素が必要。また処理に必要な時間が非常に長い。
塩浴窒化法	シアン化合物の塩浴により部品を処理する。鋼の種類を選ばず処理できる。シアン化合物の毒性への対処に排水設備が必要。
プラズマ窒化法	減圧下でイオン化した窒素を部品の表面に衝突させて内部へ侵入させる。
ガス軟窒化法	ガス浸炭法において、ガスにアンモニアを混合させて処理する。鋼の種類を選ばずに処理できるが、処理後の部品硬度は鋼の種類に依存する。比較的処理時間が短い。

47 加工硬化

金属が塑性変形によって硬さが増す現象

加工硬化とは、冷間加工により金属を塑性変形させた場合に、強度が増加する現象をいいます。塑性ひずみの増加に伴う転位密度の増加により塑性変形に必要な応力が増大して発生します。この現象は鋼材だけでなく焼入れが有効でない合金など、あらゆる場面で強度増強の目的で用いられています。また、アルミのように軟らかい材料の場合は、加工硬化により所定の硬度を得たり、熱処理と併用した処理を行うこともあります。加工硬化を利用した加工方法には次のようなものがあります。

・絞り加工：板金加工のひとつで、一枚の金属の板に圧力を加え、凹状に加工する方法です。絞るときに加工硬化が発生し、何倍も強い製品にすることができます。強度増加を見込んだ板厚のダウンにより軽量化＋材料コストの削減が可能となります。

・冷間鍛造：金属素材を常温環境で、金型を用いて圧縮成型する加工方法です。成型と強度アップを同時に満たすことができることが特徴です。

・ショットピーニング：ショットと呼ばれる鋼球などの粒状物を投射して、被加工物にぶつけることで表面に加工硬化を促す方法です。

そのほかに転造や圧延、押出し、引抜きなどの成形方法も加工硬化が伴います。

加工硬化係数（n値）は金属材料毎の加工硬化の度合いを表します。0〜1の間の範囲にあり、この値が大きいと加工硬化の程度が大きくなります。例えば、代表的な軟らかい金属であるアルミニウムは0・27、硬い金属である18—8ステンレスでは0.5となります。

加工硬化は熱処理と同じように金属の強度アップに有効な方法ですが、対象とする材料や特徴には違いがあります。条件が不適切だと表面きずの発生や材料欠陥の集中による割れが起こる場合があります。材料に合わせて適切な加工を選択するようにしましょう。

要点BOX

●塑性変形に伴い強度が増加
●加工硬化係数は加工硬化の度合いを示す

加工硬化とひずみ応力線図

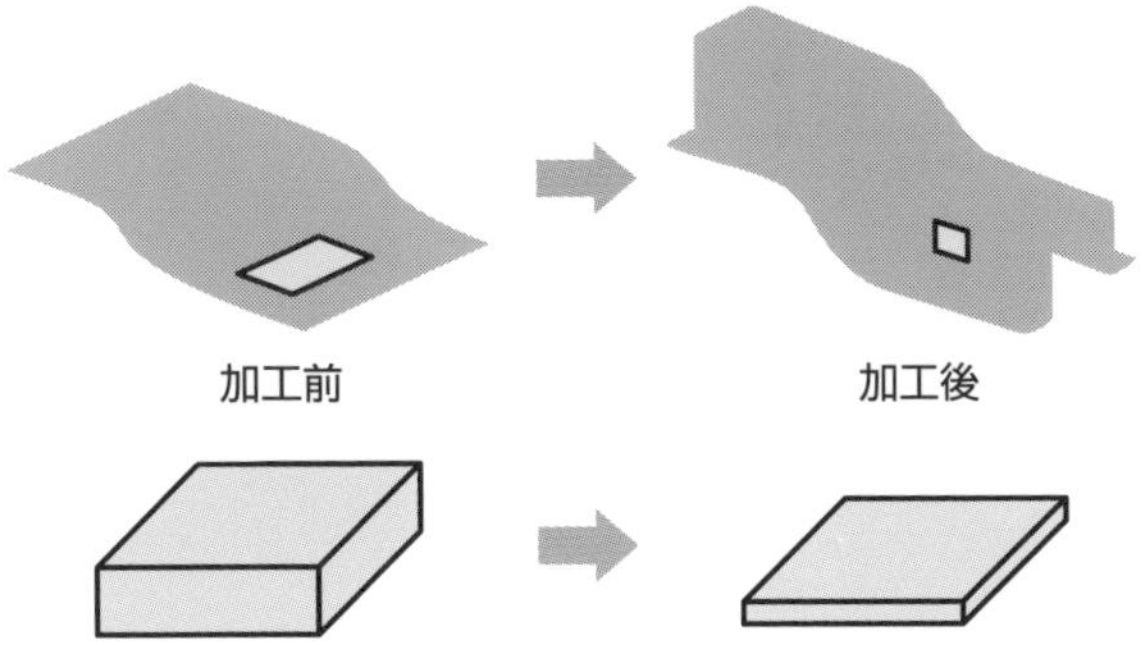

材料は引張りを
受けることにより
板厚が減少する

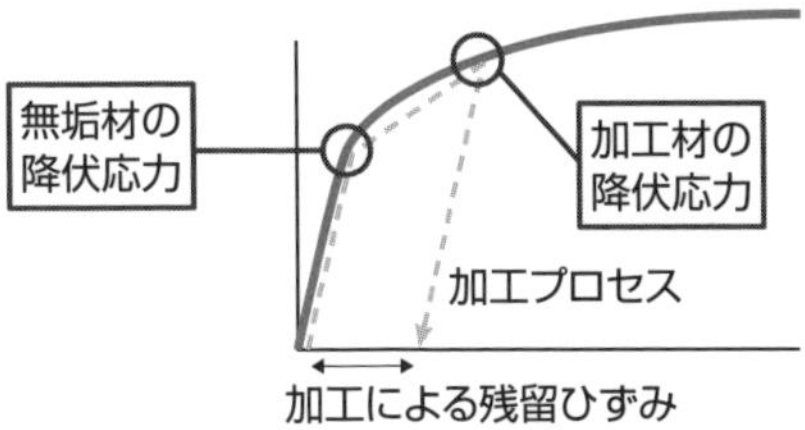

材料は加工され、
残留ひずみが
発生することにより、
降伏応力が増加する

加工硬化を伴う加工

●冷間鍛造

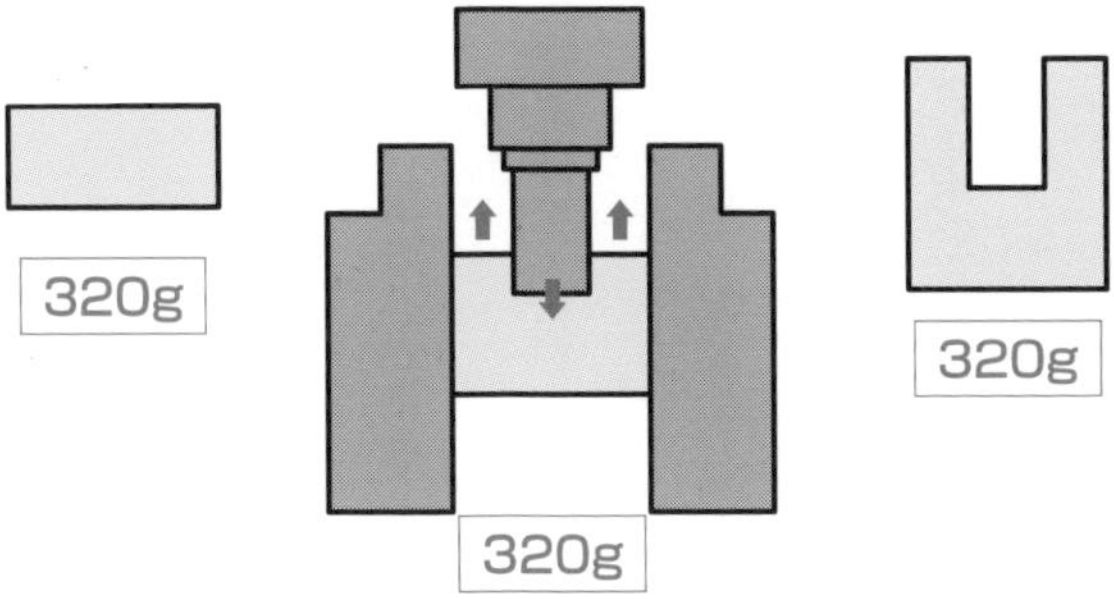

形は変わっても、
重量は同じ!

●ショットピーニング

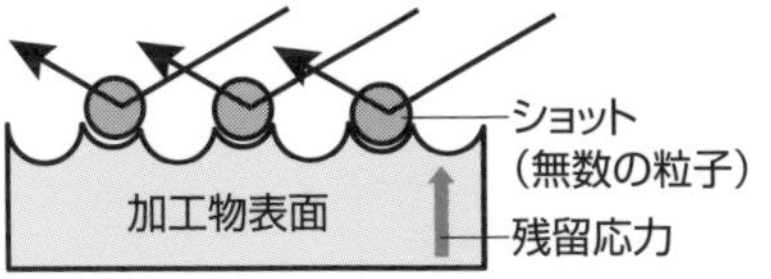

●転造

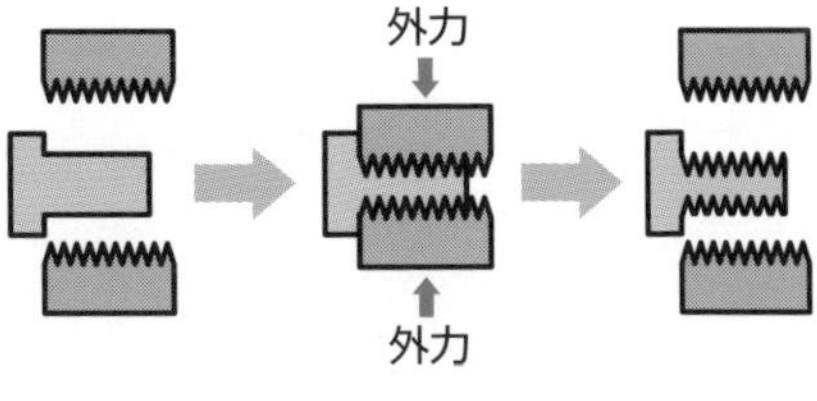

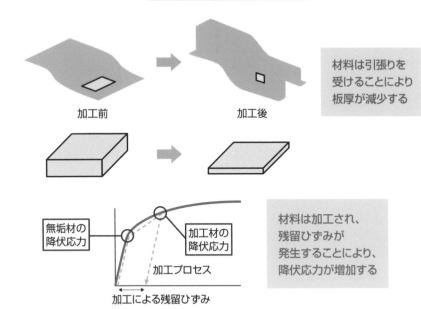

48 めっき

液体につけて被膜を上乗せする

鋼などでつくられた部品の表面を、機能性物質の被膜で覆う方法としてめっきがあります。めっきを施すことで、次のようなさまざまな機能を実現できます。①鋼と空気との接触を遮断して錆を防ぐことができる。②製品に光沢を与えて装飾性を上げる。③電気接点の導電性を増す。④摩擦係数を下げて他の部品とのなめらかな滑りを実現する。⑤表面硬度を上げて耐摩耗性を向上させる。

めっきの特性を決めるのは、被膜となる物質と被膜の厚さです。単一物質の被膜だけでなく、ニッケルクロムめっきのように主な物質に加えてさらに薄膜を上乗せした多層構造のものもあります。被膜の厚さは、十分な性能を出すために通常数十μm程度にしますが、被膜物質や処理方法によってそこまで厚くすることができないものもあります。

めっきの処理方法は、主に電気分解を利用した液浴によるものです。電気めっきでは、めっき物質を溶かした溶液に陰極の電極を接続した部品と陽極の電極とを浸して、両者の電位差を利用して液中でイオン化しているめっき物質を付着させます。この方法は導電性の部品にのみ適用が可能です。また、部品表面の電流密度によって被膜厚さが変化しやすく、電極に対して部品の背面の側や凹み箇所は被膜が薄くなる傾向があります。そこで、被膜厚さを一定にする場合は、無電解めっきが用いられます。無電解めっきには、部品とめっき素材とのイオン化傾向を利用する方法や、還元剤を用いて被膜を促進する方法があります。いずれも部品が溶液と接触さえしていれば、均一な被膜を形成できます。ただし、部品を溶液中に吊るす接点だけは被膜が形成されないため注意が必要です。なお、めっきは部品の表面に上乗せした被膜なので、めっき厚さを考慮していないと部品を組み立てたとき、他の部品と干渉してしまうことがあります。設計時に注意しましょう。

要点BOX

- ●めっきは被膜による機能付加手法
- ●めっき処理のポイントは物性と膜厚
- ●被膜厚さを一定にするなら無電解処理

主なめっきの種類と特徴

名称	特徴
亜鉛めっき	耐食性付与。低コスト処理。
黒色クロムめっき	下地材にクロムが浸入することで拡散層を形成する。耐食性･耐熱性付与。
硬質クロムめっき	高硬度被膜。低摩擦で耐摩耗性が非常に良好。水素脆性に注意。
電気ニッケルめっき	耐食性付与。下地材の適用範囲が広い。装飾目的でも採用。
無電解ニッケルめっき	複雑な形状でも被膜厚さの均一処理が可能。ただし膜厚は比較的薄い。耐食性･耐摩耗性付与。
ニッケルクロムめっき	耐食性･耐摩耗性付与。ニッケルめっき層の上に薄いクロムめっき層を形成する。装飾目的でも採用。
金めっき	導電性付与。低摩擦（固体潤滑）。装飾目的でも採用。
銀めっき	金めっきと同様の効果。
銅めっき	電鋳や浸炭防止処理として用いる。均一電着性に優れる。

めっき処理の方法

●電解めっきのイメージ

・厚い被膜の生成が可能
・電流密度により膜厚にバラツキが生じる

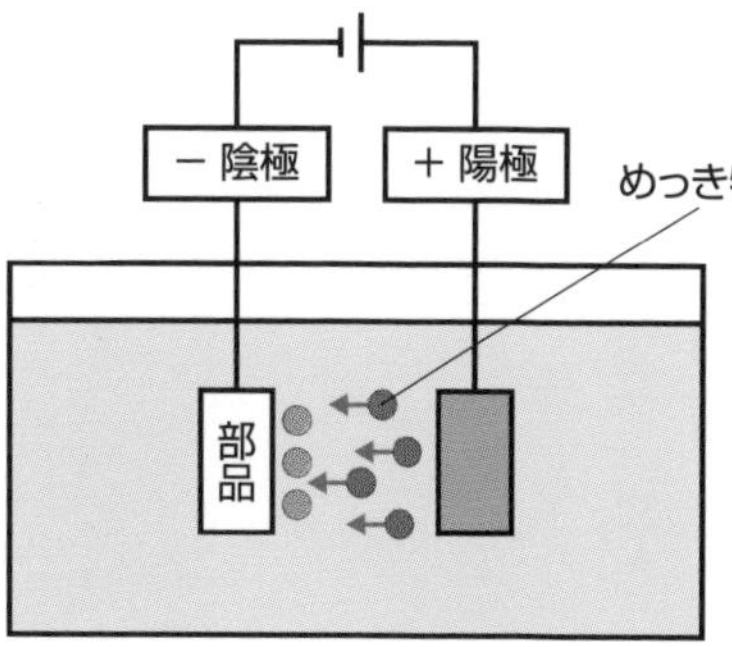

●無電解めっきのイメージ

・部品全体に均一の被膜を生成可能
・膜厚は薄め
・接点だけは被膜をつけられない

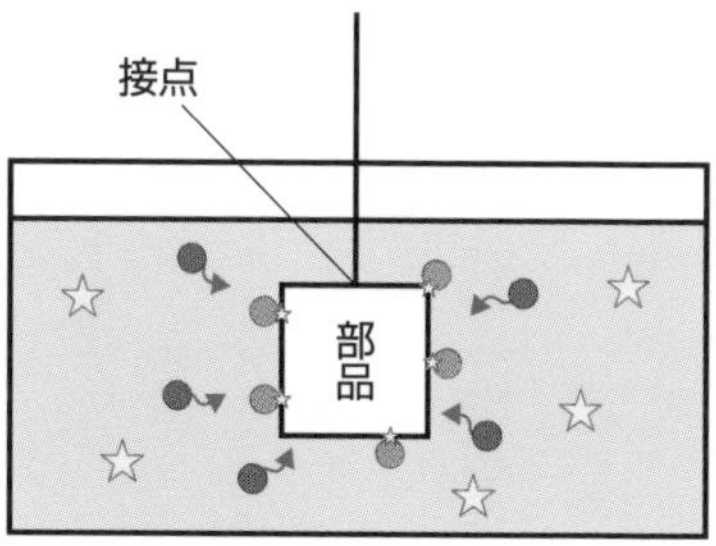

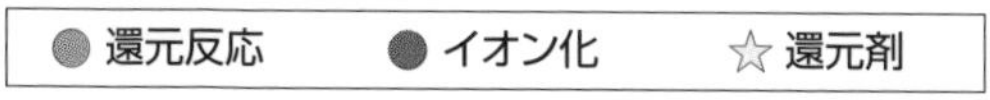

49 塗装・化成処理

塗装や化成処理によって材料表面が変化

塗装とは、さまざまな色の塗料を材料表面に塗ることです。塗装する目的としては、大きく次の四つが挙げられます。①外観を良くしてデザイン性を上げる。②化学的保護作用の向上によって腐食、錆などを防止する。③物理的作用を向上させて、損傷や摩耗を防ぐ。④撥水、防水、防火、遮音、断熱、放熱、弾力、導電性、電気絶縁性など、さまざまな機能を付与する。

また、代表的な塗装方法としては、はけ、へら、スプレーを用いたものから、静電、電着、溶剤、焼付、粉体、強制乾燥、自然乾燥、UVなど、さまざまな種類があります。用途に応じて最適なものを選定しましょう。

化成処理とは、金属表面に処理剤を作用させて化学反応によって皮膜を形成させるものです。防食や密着性を高めた塗装下地として、あるいは塑性加工用の潤滑下地として利用されます。代表例として、黒染めやリン酸塩処理、クロメート処理などがあります。

黒染めは四三酸化鉄皮膜とも呼ばれ、強アルカリ性処理液により金属表面を化学変化させます。黒色の美観を与えますが、防錆効果はそれほど高くはありません。鉄鋼材全般に適用可能ですが、鋳物材（FC、FCD）では赤目色になります。ステンレスや非鉄には適用できません。リン酸塩処理は、パーカー処理やボンデ処理とも呼ばれます。クロメート処理には、従来六価クロム酸イオンを用いていましたが、環境への影響から三価クロメート処理が主流になりました。主に亜鉛めっきの皮膜保護に用いられます。アルマイト処理はアルミニウム材に適用する皮膜処理で、材料を陽極側とした電気分解により表面に酸化被膜を施し、光沢と耐食性を付加できます。

要点BOX

- ●塗装とは塗料を材料表面に塗ること
- ●化成処理は金属表面に皮膜を形成する
- ●黒染め、リン酸塩処理、クロメート処理など

塗装と化成処理

塗装

- デザイン性 装飾性 向上
- 腐食・錆 防止
- 損傷・摩耗 防止
- 機能の付与

撥水、防水、防火、
遮音、断熱、弾力、
導電、絶縁など…

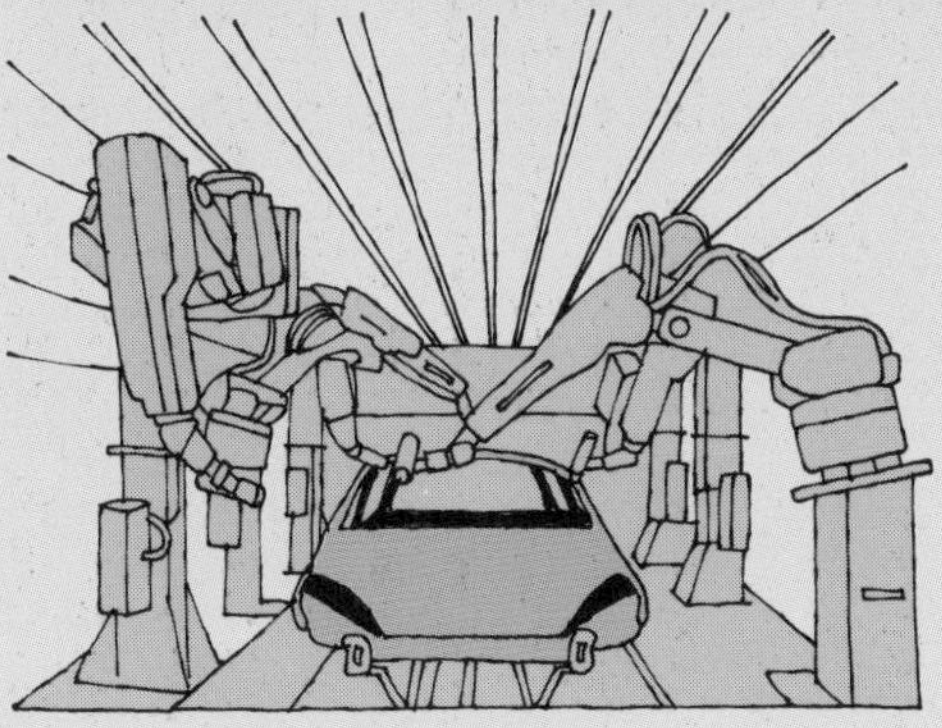

自動塗装ライン

化成処理

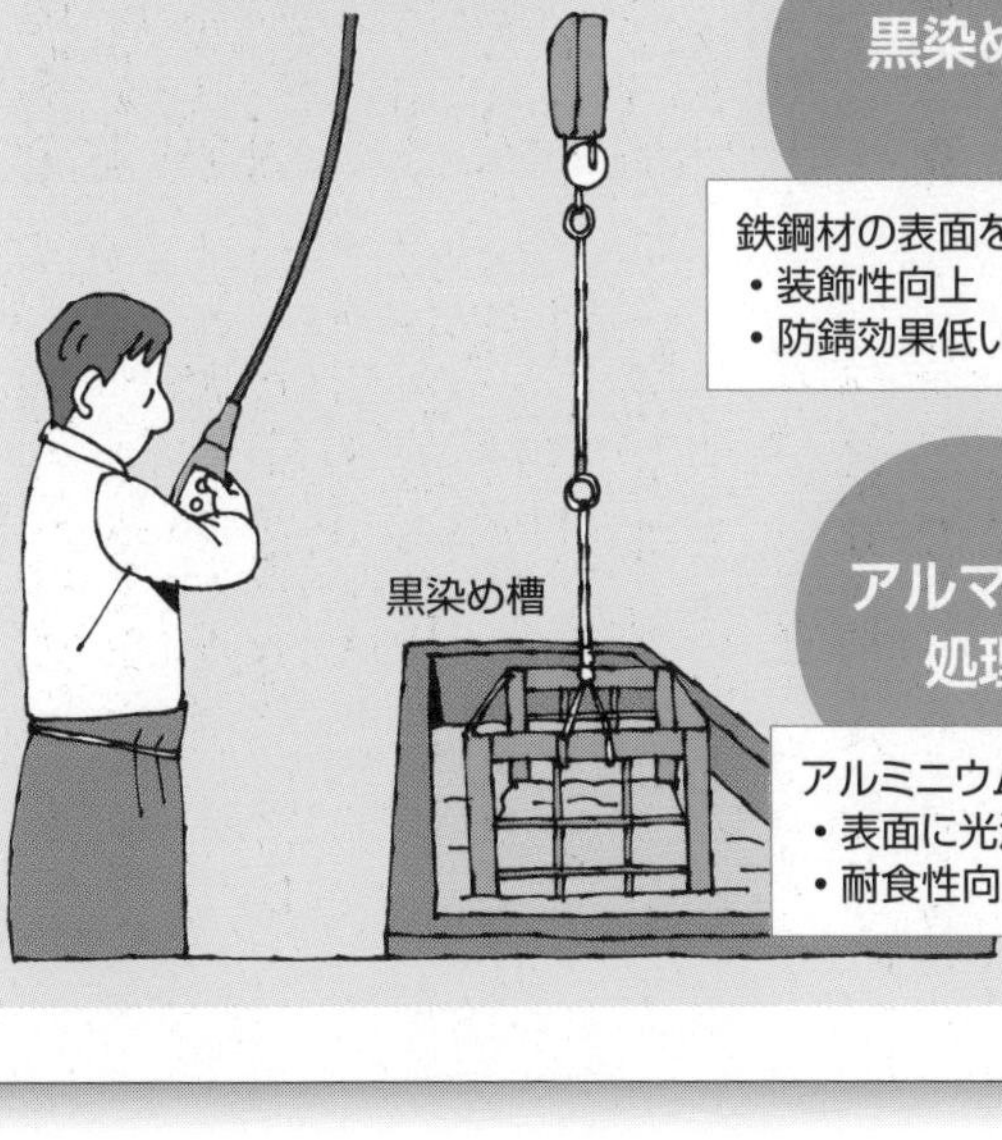

黒染め

鉄鋼材の表面を黒色化
- 装飾性向上
- 防錆効果低い

リン酸塩処理

鉄鋼材の表面に適用
- 潤滑性向上
- 錆防止、塗装下地

アルマイト処理

アルミニウムに適用
- 表面に光沢
- 耐食性向上

クロメート処理

亜鉛系めっきの後処理
- 皮膜の耐食性向上
- 三価クロメートが主流

Column

熱処理検査表の見方

設計者が指定した熱処理が製品で本当に実現できているのか、その品質を証明するのが熱処理検査表です。この検査表は、材料のミルシートとともに品質のトレーサビリティ上重要な書類です。設計者が図面で指定した表面や内部の硬度を実現するための熱処理方法は複数あります。そして、要求品質やコスト面で最適と考えられる熱処理が実施されます。

熱処理検査表には以下のような項目があります。

①熱処理の内容…熱処理記号で表すこともありますが、メーカー独自の記号の場合もあります。

②熱処理を実施した炉、ロット番号…熱処理は炉の状態で品質不良を起こすことがあるので、どの炉を用いて何番目に処理したのか、を記録として残します。

③ヒートサイクル図…熱処理工程における温度及び時間の条件を示した図です。メーカー独自のノウハウが詰まった機密情報になることがあります。

④焼入油の種類…焼入油には、主に「ホット油」「セミホット油」「コールド油」の3種類があります。部品の焼入れ性や変形の抑制という観点から、最も適した油が選択されます。なお、「水冷」もあります。

⑤表面硬度…実際に測定した硬度が記されます。比較のため指定硬度を併記する場合もあります。

⑥内部硬度、有効硬化層深さ…図面指定があれば測定を行います。表面からの指定距離とその箇所での硬度が表記されます。

⑦硬度分布図…有効硬化層深さを指定した場合には、表面から一定間隔で深さ方向に硬度を測り、プロットします。グラフ化により硬さの入り方がはっきりとわかります。

⑧組織写真…材料組織の状態を指定した場合、その写真が添付されます。確認したい析出物によって現出方法が異なるので、メーカーが対応できるか事前に確認した方がよいでしょう。

熱処理検査表は、次に同じような形状・材質の部品を熱処理するときの指針にもなります。

熱処理を指定したときは、その結果を十分に理解して、設計スキル向上に役立てましょう。

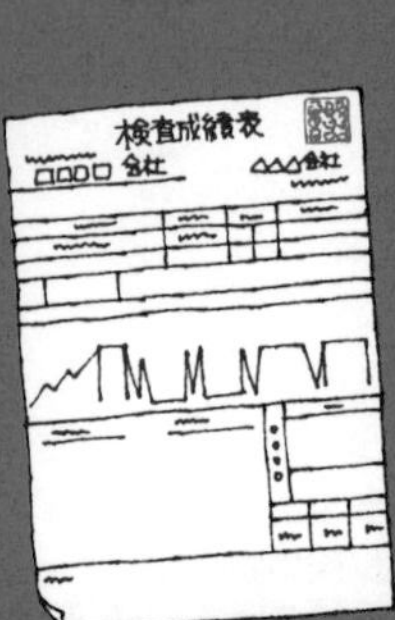

第7章

機械材料の破壊

50 延性破壊

連続的かつ大きな塑性変形を伴う破壊

延性破壊とは、固体材料に降伏応力以上の応力が加わったときに、塑性変形による連続的かつ大きな変形を伴って破壊に至る現象をいいます。

延性破壊では、弾性限界を超えても破壊されずに引き伸ばされます。そのため、材料に亀裂が生じてから実際に破壊するまでには時間がかかり、破壊の兆候を検知できる可能性が高くなります。延性を表す指標には引張試験の伸びや絞り、曲げ試験の曲げなどがあります。常温の低炭素鋼や銅、アルミニウムなど、面心立方格子（p13参照）の結晶構造を示す比較的伸びの大きい金属材料に見られます。また、温度が低くなるほど延性が失われて脆性を示すようになります。このように破壊形態が変化する温度を遷移温度と呼びます。

材料が引張応力を受けたとき、母材と介在物との弾性係数の大きさが異なるために、変形が進むと境界が剥がれます。介在物の周りに空孔ができると、これが拡大することで他の空孔と連結し、き裂が生じて最終的に延性破壊することになります。破断面は左頁中央のカップアンドコーン型で、電子顕微鏡などで観るとディンプルと呼ばれる微細な凹凸模様が観察できます。

塑性加工のプレス成形やせん断加工は、材料の延性や延性破壊を利用した加工方法です。また、延性破壊を考慮した設計を行う場合は、できるだけ正確な応力を把握して、その応力が降伏点以下になるようにすることが大切です。

特に繰り返しで負荷がかかる場合には疲労破壊（52項参照）の影響を考慮したり、使用環境によっては応力腐食割れ（53項参照）などの影響を考える必要もあります。また、「きず」による応力集中（57項参照）などの影響も考慮するべきです。

今までの実績や経験も参考にして、安全率を考慮した検討を行うことが重要になります。

要点BOX

- ●弾性限界を超えても引き伸ばされる現象
- ●応力が降伏点以下になるように設計する
- ●複合的な条件も考慮する

延性材料の応力－ひずみ線図

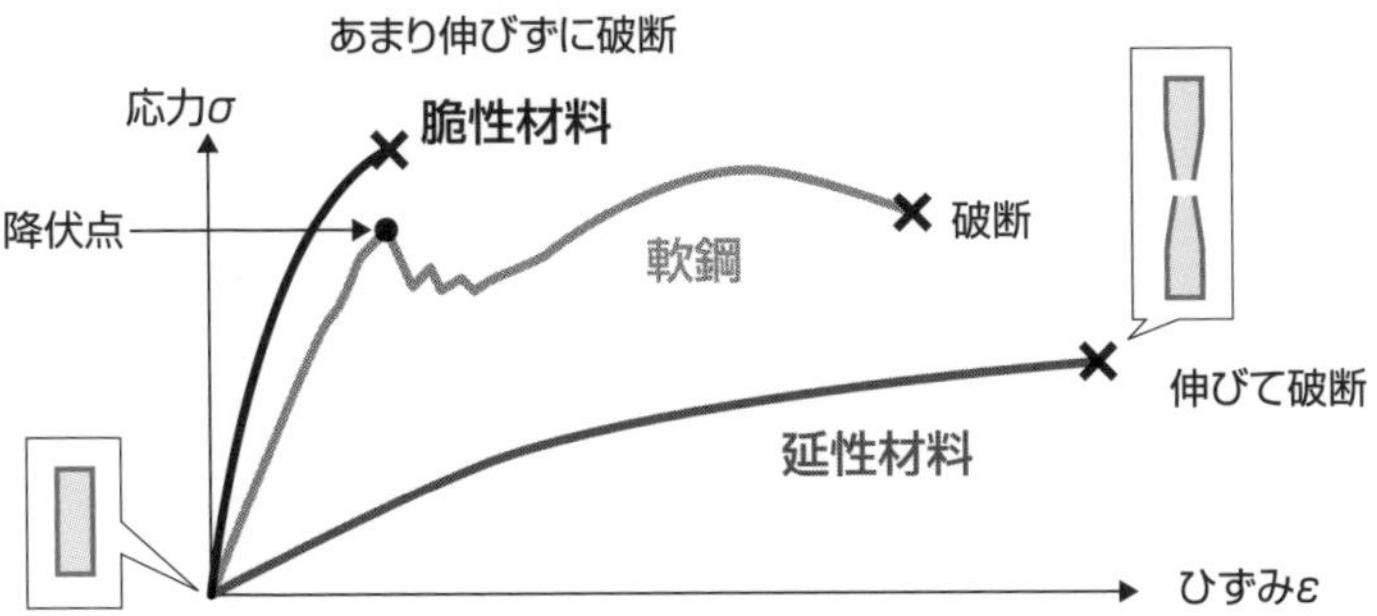

延性破壊時の破断面

●カップアンドコーン型

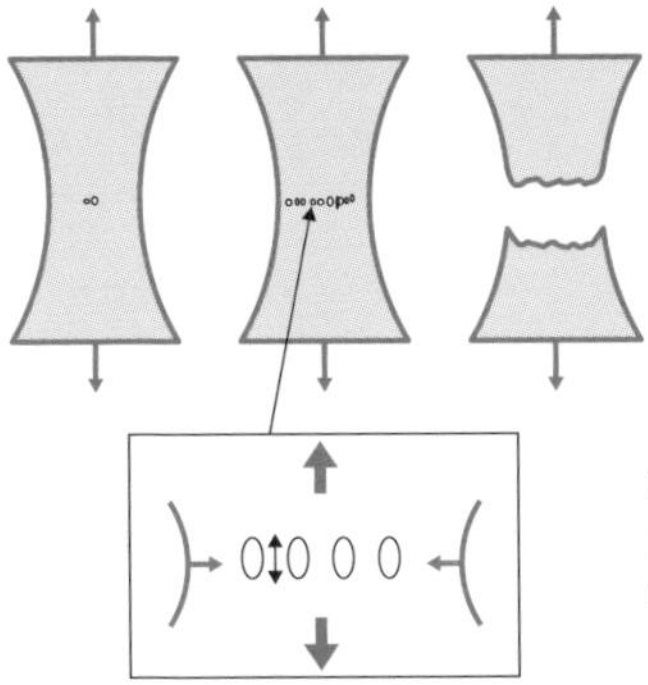

破断面は、微小空洞が連なったディンプルと呼ばれる凹凸模様が形成される

延性破壊を利用した加工法

●プレス成形

材料の延性を利用して成形する方法

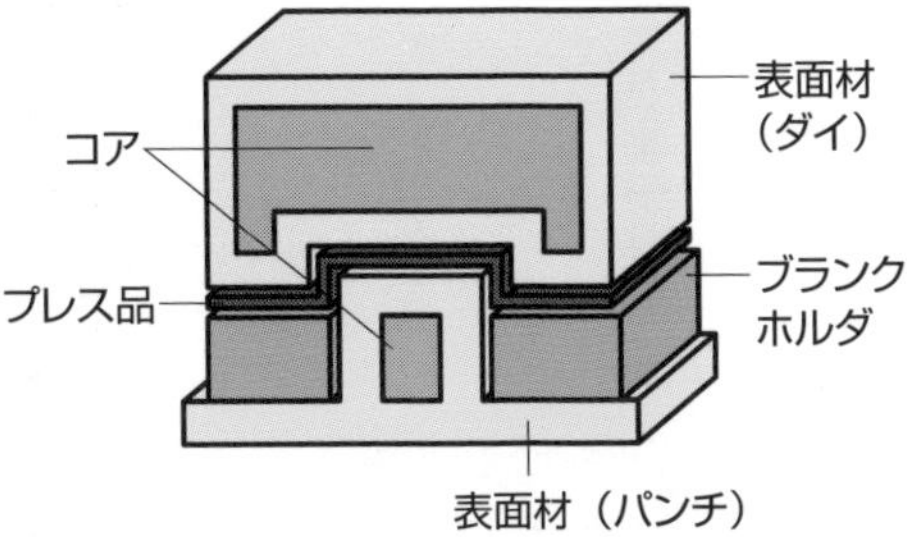

●せん断加工

材料の延性を利用した破壊分離方法

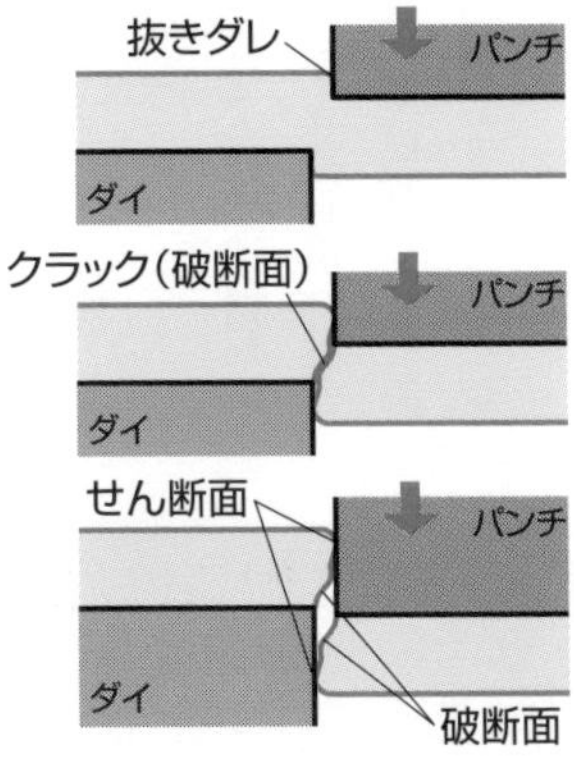

51 脆性破壊

塑性変形をほぼ伴わずに破壊に至る現象

脆性破壊とは、固体材料に力を加えたときに、塑性変形をほとんど生じないまま割れが広がって破壊に至る現象をいいます。

ガラスや陶器のほか、鋳鉄、水素を吸収した鋼材などに見られます。ほかの金属の場合も低温、粒界（多結晶体における結晶粒同士の境界）の不純物、「きず」による応力の集中などのさまざまな要因で発生します。

また、低温と切り欠きによる脆性を低温脆性または低温切り欠き脆性、衝撃による脆性を衝撃脆性と呼んで区別することがあります。

脆性破壊が問題となった有名な事例に、第二次世界大戦時に米国で起きたリバティー船の折損事故があります。（7章コラム「破壊事故と安全」140頁を参照）この事故の原因究明の中で、脆性破壊の詳細やその試験方法などが体系化されていきました。

鋼材は高温で延性破壊し、低温で脆性破壊しやすくなる、延性—脆性遷移挙動を示します。延性—脆性遷移の温度が高いと脆性破壊しやすい材料となります。また、

・変形が速い
・切欠きなどの構造不連続があり、応力が集中しやすい

などの条件があるときは脆性破壊しやすくなります。それらを評価するのに適した方法の一つがシャルピー衝撃試験です（33項：「衝撃試験」参照）。そのほか、き裂先端の応力場の強さを示す指標として、応力拡大係数があります。

脆性破壊を考慮した設計を行う場合は、材料に生じる荷重を明確にした上で、切り欠き形状の評価、材料の温度依存特性、シャルピー衝撃試験などの結果や過去の不具合事例を考慮した検討を行うことが重要になります。

要点BOX
●金属も脆性破壊を起こすことがある
●温度、変形速度、応力集中の条件が関係する

脆性材料の応力―ひずみ線図

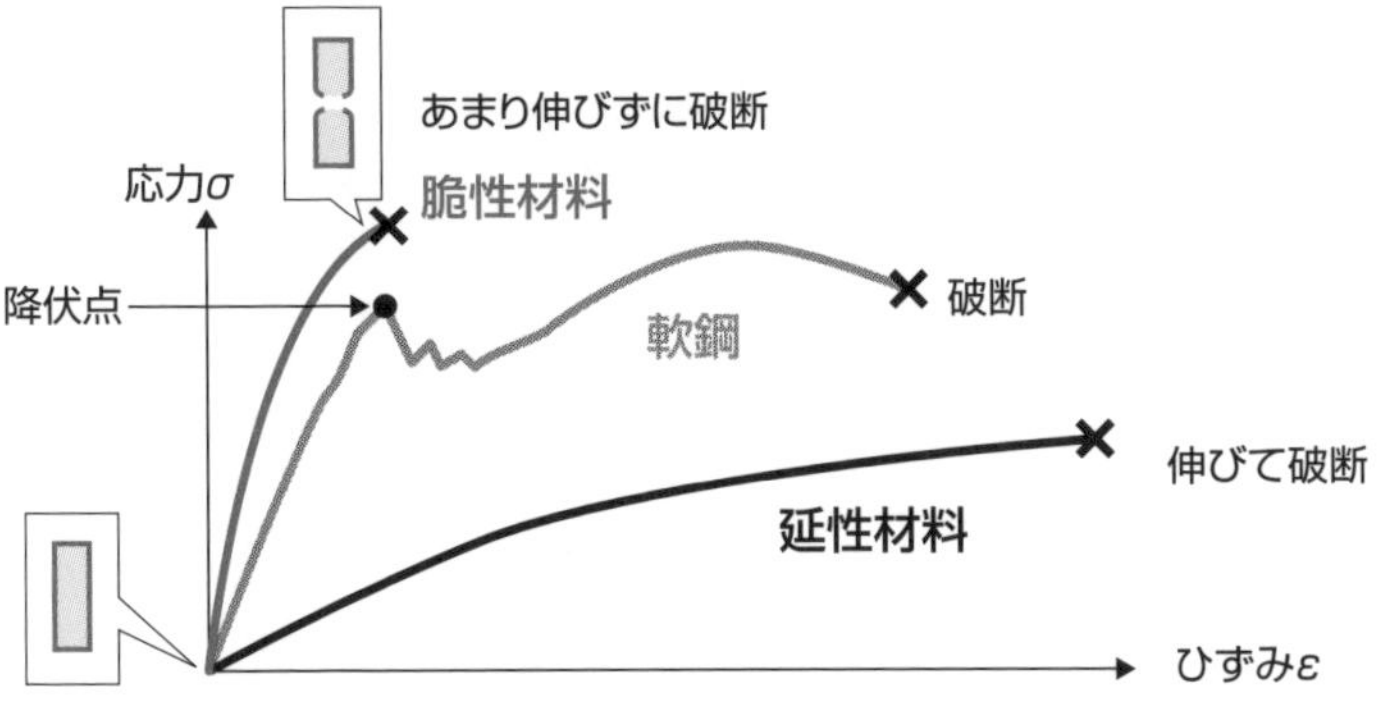

吸収エネルギー、脆性破面率と温度の関係

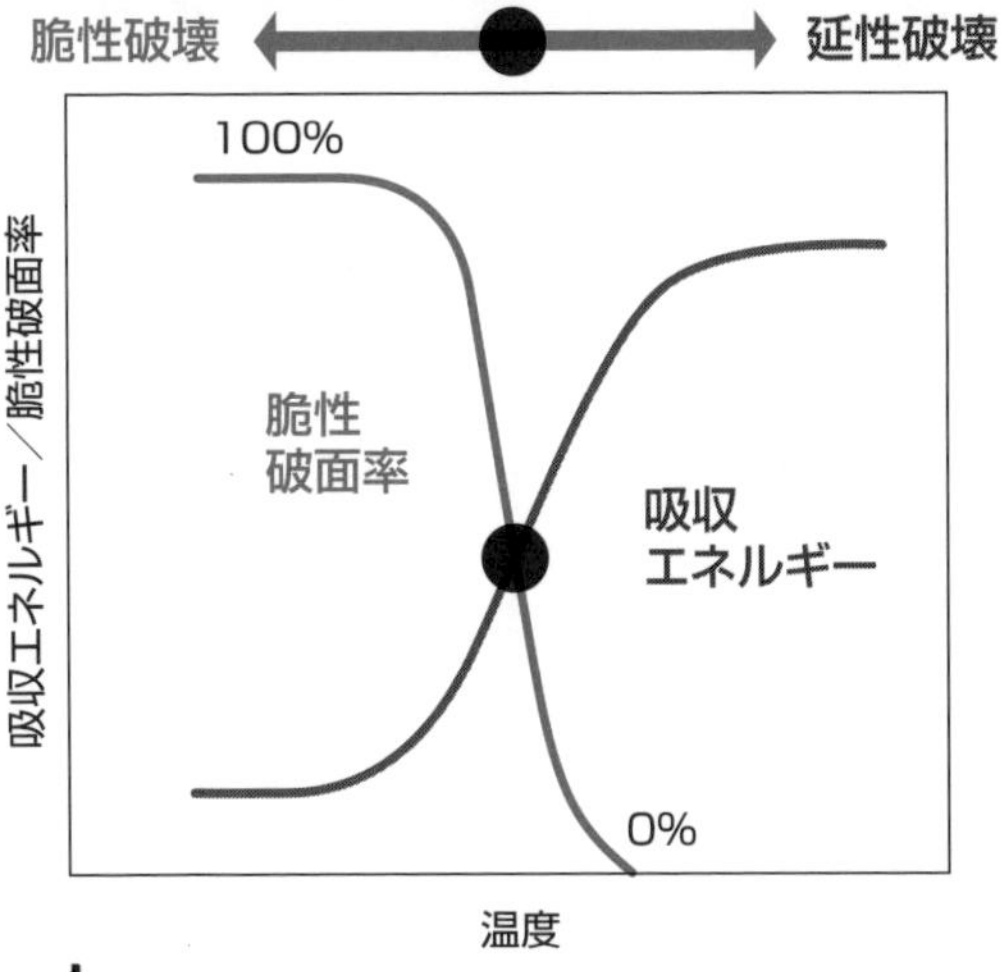

52 疲労破壊

繰り返し荷重により突然破壊する

　通常、金属材料は弾性領域を超えた負荷が加えられることで破壊します。しかし、弾性領域の範囲内で負荷と除荷を何度も繰り返すと、応力やひずみは元に戻ってもミクロ構造は元の状態には回復しないため、材料はあるとき突然破壊します。このような繰り返し荷重による破壊を疲労破壊といいます。この際、材料は塑性変形せず、まるで脆性材料のように破壊します。

　疲労破壊は応力が大きいほど少ない負荷の回数で発生する一方、疲労限度というある応力値以下では発生しません。そして疲労強度は、応力（Stress）と破壊までの繰り返し数（Number）との関係で示すS−N線図で表されます。疲労限度は炭素鋼の場合10^6～10^7回程度とされていますが、非鉄金属では明確に表れません。

　疲労の種類としては、繰り返し頻度によるもの、接触の仕方の違いによるもの、環境や温度の違いによるものがあります。繰り返し頻度によるものには、高サイクル疲労と低サイクル疲労があります。接触の仕方の違いによるものには、転動疲労やフレッティング疲労（56項参照）があります。環境や温度の違いによるものには、高温疲労、低温疲労、熱疲労、腐食疲労などがあります。

　疲労破壊を防止する方法としては、きっかけになる「きず」を減少させるために材料の表面粗さを小さくしたり、ショットピーニングなどにより材料表面に圧縮残留応力を与える方法などがあります。き裂の原因になる応力集中部をなくすため、形状が急激に変化する設計は極力避けることが大切です。また材料自体の性質や形状、使用条件などに加え安全率を考慮した寿命を予測して、疲労破壊が起こる前に交換するようにします。さらに、定期的な検査を行うことで、疲労破壊による事故を未然に防ぐことも大切です。

要点BOX

- ●表面粗さを小さくして圧縮残留応力を付与
- ●応力集中部をなくす
- ●寿命を予測して疲労破壊前に交換する

疲労強度

●S−N線図

応力(S)と破壊までの
繰り返し数(N)との関係

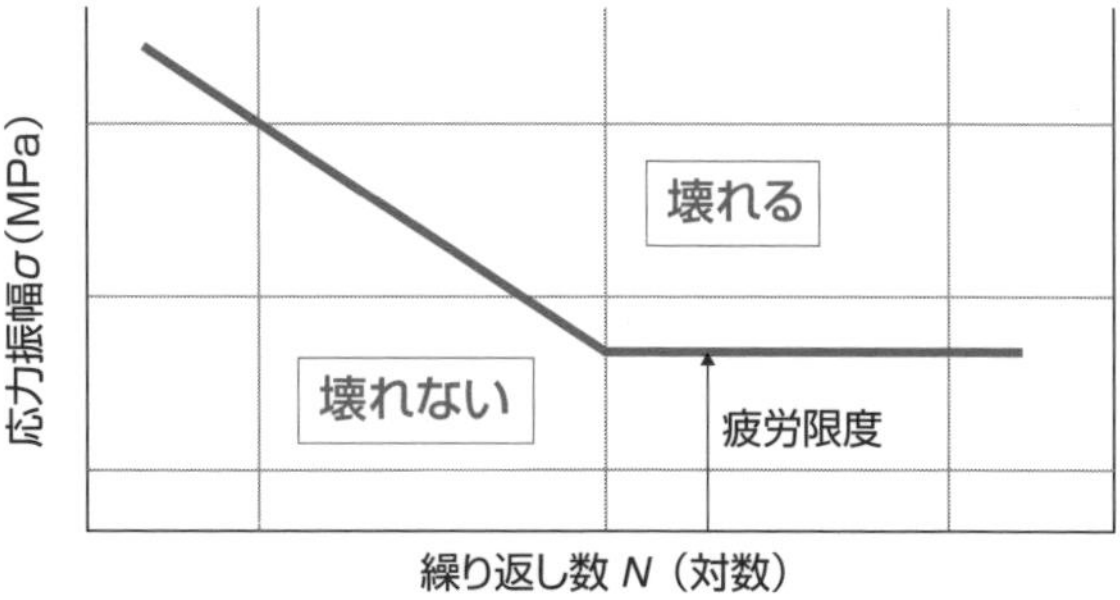

疲労破壊の破面

●ビーチマーク

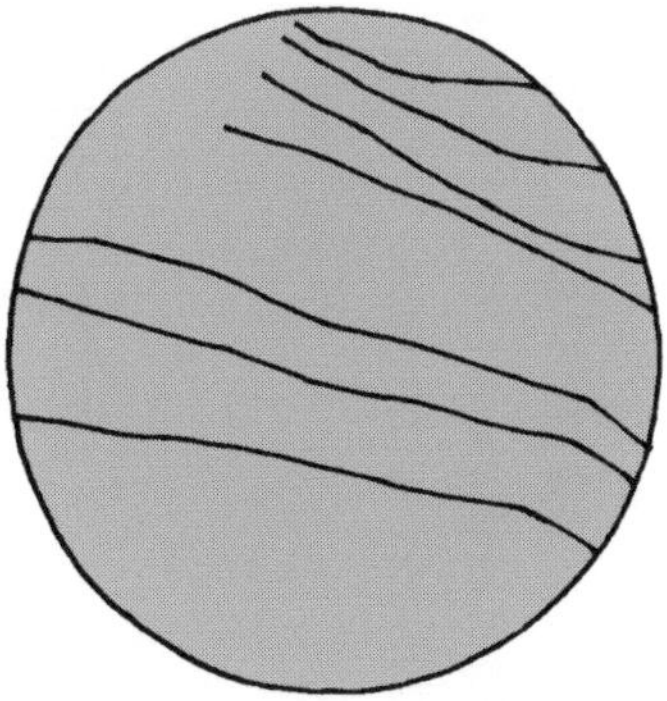

き裂が徐々に進展して縞模様が
発生したもの

●ストライエーション

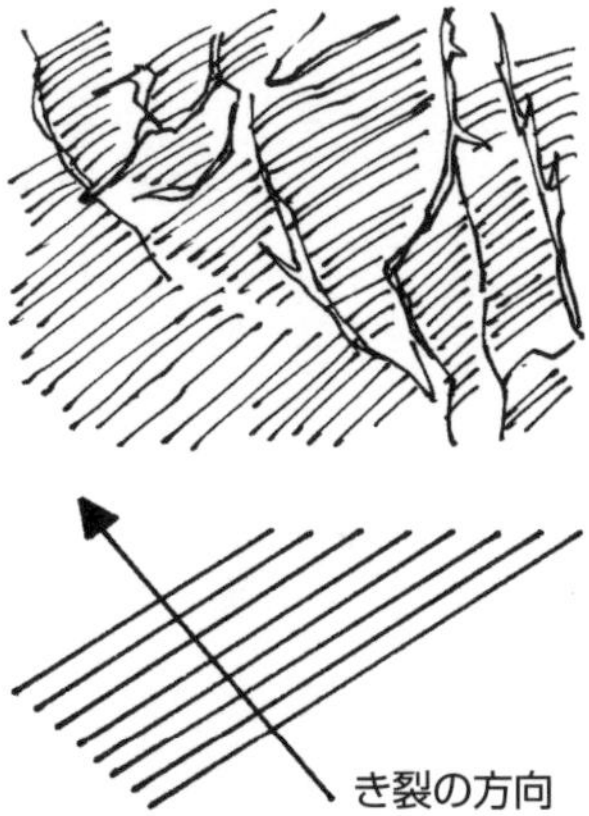

き裂の進展に伴って、1回の繰り返し応力が作用するごとにき裂がわずかに進み、その跡が縞模様となって残ったものであり、繰り返し応力が作用したもの

疲労の種類

疲労

繰り返し頻度	接触の仕方	環境
・高サイクル ・低サイクル	・転動 ・フレッティング	・高温 ・低温 ・熱 ・腐食 ・耐食性向上

<疲労破壊対策>

- 表面粗さを小さくする
- 応力集中部をなくす
- 事前検査、寿命予測
- ショットピーニング

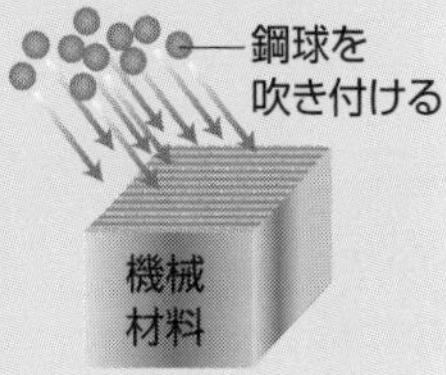

53 応力腐食割れ

腐食環境下で応力が加わり破壊に至る現象

応力腐食割れ（SCC:Stress Corrosion Cracking）とは、塩水や酸溶液中などの腐食環境下で応力が加わったときに、通常よりも小さな静荷重で急激にき裂が発生し破壊に至る現象のことをいいます。広い意味では環境脆化とも呼ばれます。

以下に挙げる三つの要因（引張応力、材料の化学成分、環境）が同時に発生する場合に腐食割れを発生させることが特徴です。

・圧縮応力では発生しないが引張応力では発生する（引張応力）
・純金属では発生しないが合金では発生する（化学成分）
・環境と材料との特定の組合せで割れが生じる（環境要因）

よって、これら要因のうち一つでも取り除けばよいことになります。そこで、応力腐食割れを防ぐために、材料表面に圧縮応力をかけておくショットピーニング処理を行うことが有効です。また、加工や溶接時には、熱による影響で材料の化学成分が変化したり、冷却時に引張残留応力が残るため、焼鈍などの熱処理を行います。さらに、電気化学的な防食法を実施したり、引張応力がかからないように構造を工夫することもあります。

また、例えば、オーステナイト系ステンレス鋼は応力腐食割れを起こしやすく、フェライト系ステンレス鋼は起こしにくい性質があります。

さらに、応力腐食割れしにくいように改良を加えた合金鋼も開発されているため、応力腐食割れが生じやすい条件のときには使用を検討するようにしましょう。

この応力腐食割れは、き裂が進展するのに時間のかかることが多いため、非破壊検査を定期的に行って早期にき裂を発見し、予防保全することが重要です。

要点BOX
- ●圧縮の残留応力をかけておく
- ●加工による残留応力に注意する
- ●定期的に検査して予防保全する

腐食の形態の違い

<table>
<tr><td rowspan="1">全面腐食</td><td>均一腐食</td><td>金属表面の腐食が均一に進行する
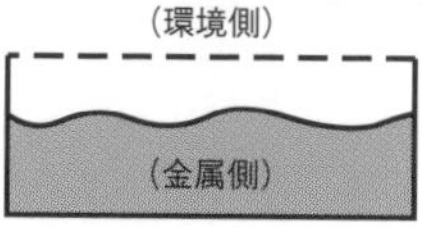</td></tr>
<tr><td rowspan="7">局部腐食</td><td>隙間腐食</td><td>金属の隙間部で腐食が進行する
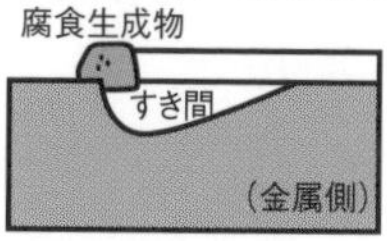</td></tr>
<tr><td>異種金属接触腐食
（ガルバニック腐食）</td><td>異種金属が接触している場合、低電極電位の金属の腐食が進行する
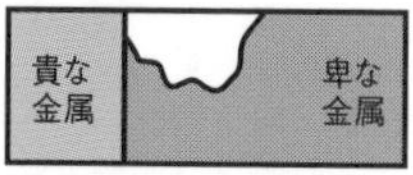</td></tr>
<tr><td>孔食</td><td>キリ穴をあけたように腐食が進行する
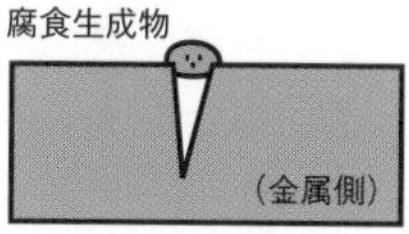</td></tr>
<tr><td>粒界腐食</td><td>金属組織の違う境界上で腐食が進行する
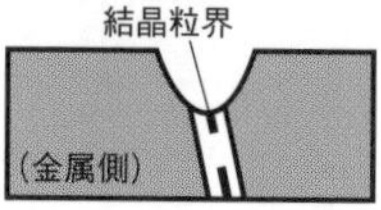</td></tr>
<tr><td>選択腐食
（脱成分腐食）</td><td>合金中の一成分のみの腐食が進行する
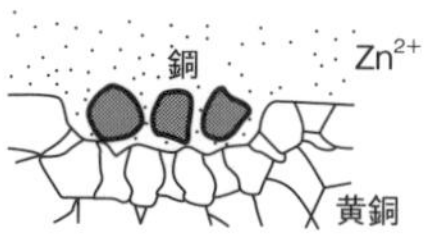</td></tr>
<tr><td>応力腐食割れ</td><td>本項
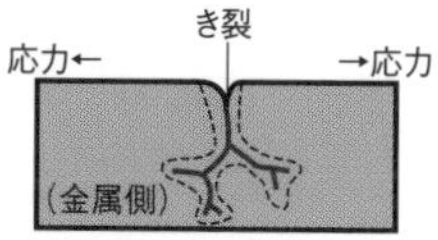</td></tr>
<tr><td>エロージョン
コロージョン</td><td>第7章59項参照</td></tr>
</table>

54 クリープ破壊

一定荷重下でひずみが時間とともに進行して破壊

　ある温度の材料に一定の荷重を加えてひずみを生じさせたとき、そのひずみが時間とともに進行する粘性現象をクリープといいます。その変形をクリープひずみと呼び、このクリープひずみによって破壊することをクリープ破壊といいます。クリープ破壊は、結晶粒界に生じるボイドという空気の隙間や小さなき裂がつながることで発生します。一般的に温度が高いほど、または応力が大きいほどクリープ破壊する可能性は高くなります。特に樹脂は金属などよりも低い温度でクリープを起こします。

　クリープ破壊が発生する場合、左頁上右図（クリープ曲線）のようにまず急速に変形が起こり、時間の経過とともに一定量の変形で増加していきます。そして改めて急速な変形を示した後に破断します。温度や応力をさまざまに変え長期にわたるクリープ試験を行って、時間とクリープひずみの関係を求めることで、材料のクリープ特性を示すことができます。

　特に材料を溶接または接合した箇所や、材料が高温環境で使用される場合には、クリープ破壊が起こりやすくなります。酸化による腐食や熱膨張による熱応力、そして残留応力や残留ひずみの影響を考慮する必要があります。そのため、腐食や熱応力が発生しない環境で使用したり、表面処理や伸縮量を考慮するなどの対応を行います。残留応力や残留ひずみに対しては、熱処理や表面改質などで対策を行うようにします。

　このように、クリープが問題になりそうな条件では、設定した寿命時間内でクリープ変形による破壊が起きないように、材料の選定や使用条件の検討をします。最近では耐熱鋼（ＳＵＨ：Steel Use Heat Resisting）のような金属材料ばかりでなく、樹脂やゴムなどでも耐クリープ性を向上させた材料が開発されています。また定期的な検査を行って、クリープ破壊を事前に防ぐことも大切です。

要点BOX

- ●高温、高荷重なほど破壊しやすい
- ●腐食や熱応力、残留応力と残留ひずみが原因
- ●寿命の予測や定期的な検査を行う

クリープのイメージ

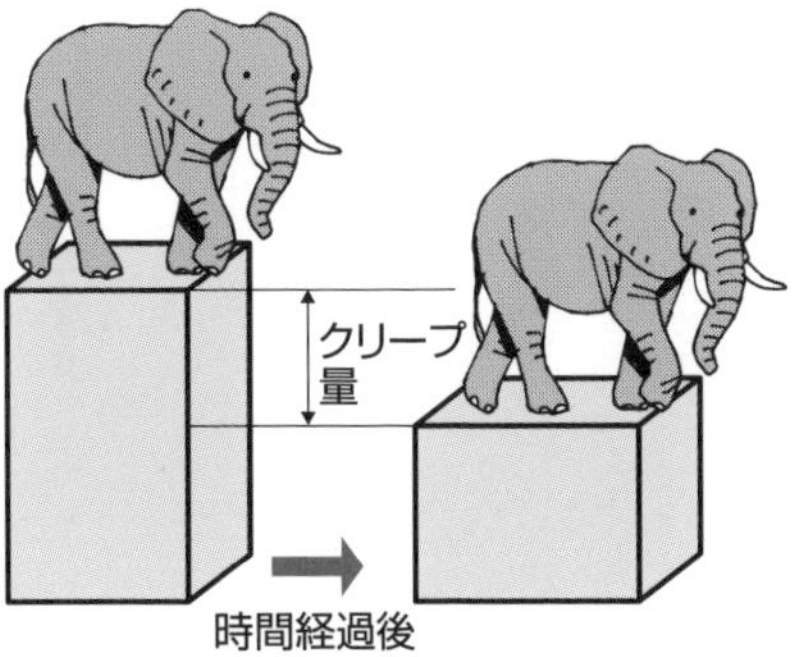

クリープ曲線

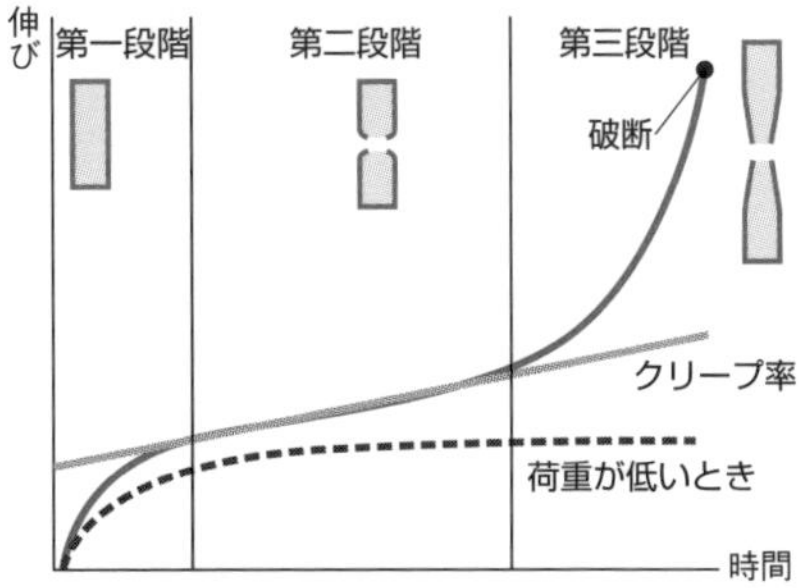

<第一段階>遷移クリープ
材料の急激な変形

<第二段階>定常クリープ
変形速度が一定

<第三段階>加速クリープ
加速度的な変形

クリープ試験方法のJIS規格一覧

規格番号	内容
JIS A 1157	コンクリートの圧縮クリープ試験方法
JIS K 6273	加硫ゴム及び熱可塑性ゴム―引張永久ひずみ、伸び率及びクリープ率の求め方
JIS K 7035	ガラス強化熱硬化性プラスチック(GRP)管―湿潤条件下での長期偏平クリープ剛性の求め方及び湿潤クリープファクタの計算法
JIS K 7087	炭素繊維強化プラスチックの引張クリープ試験方法
JIS K 7088	炭素繊維強化プラスチックの曲げクリープ試験方法
JIS K 7115	プラスチックークリープ特性の試験方法ー第1部:引張クリープ
JIS K 7116	プラスチックークリープ特性の試験方法ー第2部:3点負荷の曲げクリープ試験
JIS K 7132	硬質発泡プラスチックー規定荷重及び温度条件下における圧縮クリープの測定方法
JIS K 7135	硬質発泡プラスチックー圧縮クリープの測定方法
JIS R 1612	ファインセラミックスの曲げクリープ試験方法
JIS R 1631	ファインセラミックスの引張クリープ試験方法
JIS Z 2271	金属材料のクリープ及びクリープ破断試験方法

耐クリープ設計

項目	内容	適用例
変位拘束	精密な寸法を維持して微小隙間を確保する。	タービンブレード
ラプチャー拘束	寸法精度は要求されないが、破損しないようにする。	ノズル、パイプ、シール
応力緩和	初期応力が時間の経過とともに緩和されないようにする。	ボルト締結
座屈拘束	圧縮荷重による座屈が発生しない。	航空機主翼

55 摩耗

擦れれば避けられない劣化現象

接触する二つの面が摩擦するとき、その二面からは多かれ少なかれ微細な粉が発生します。この現象を摩耗といいます。摩耗は接触面の形状や粗さの変化、異物が混ざることによる潤滑剤の劣化を招きます。摩擦接触する限り不可避な現象ですが、その発生は極力抑えなければなりません。

左頁上表のように、摩耗の形態は主として五つの形態に分けられますが、実際の現象はこれらの複合であり複雑です。

凝着摩耗は、凝着した二面の間にすべりが生じることで、凝着面のうち軟らかい材料の方が粒子状に脱落すると考えられています。これに対して、アブレシブ摩耗は一方の表面にある突起が他方の表面に食い込んだ状態ですべる形態で、凝着摩耗よりも激しく摩耗します。すべり面に異物が介在した場合も同じ形態です。疲労摩耗は、ピッチングやフレーキングとも呼ばれる剥離損傷であり、前者の剥離は材料表面が、後者の剥離は材料内部がそれぞれ起点となって起こります。エロージョンは固体や液体、気相の衝突による物理的な浸食現象であり、腐食摩耗は薬品などによる化学的な浸食現象になります。

凝着摩耗やアブレシブ摩耗、エロージョンは、一般に表面が硬いほど摩耗しにくいといわれます。ただし、凝着摩耗ではすべる二面間の硬度に差のない方がよいのに対して、アブレシブ摩耗では逆に一方を軟らかくして摩耗粉の発生を抑えるのが有効です。また、同じ元素を主成分とする金属同士では凝着摩耗を促進するので、接触面には潤滑油を十分に供給し、表面粗さを小さくして滑らかに接触させます。

ピッチングには、表面粗さを小さくするとともに圧縮応力を付与して、表面の引張強さを強化するのが有効です。一方、フレーキングは材料の選定と改質処理が肝になりますが、潤滑状態を良くすることでも効果があります。

要点BOX

- ●摩耗は可能な限り避けるべき現象
- ●摩耗の形態は主に5種類
- ●摩耗の形態に応じた対策が必要になる

摩耗の形態

摩耗の種類	特徴
凝着摩耗	接触面の軟らかい方の面から粒子状に脱落する。
アブレシブ摩耗	接触面の硬い側の突起が軟らかい側の面に食い込んで削り取る。
疲労摩耗	表面、または内部に生じたき裂が進展して脱落する。
エロージョン	流体中の固相、液相、気相が衝突することで表面を浸食する。
腐食摩耗	薬品などにより表面が腐食され脱落する。

凝着摩耗のモデル

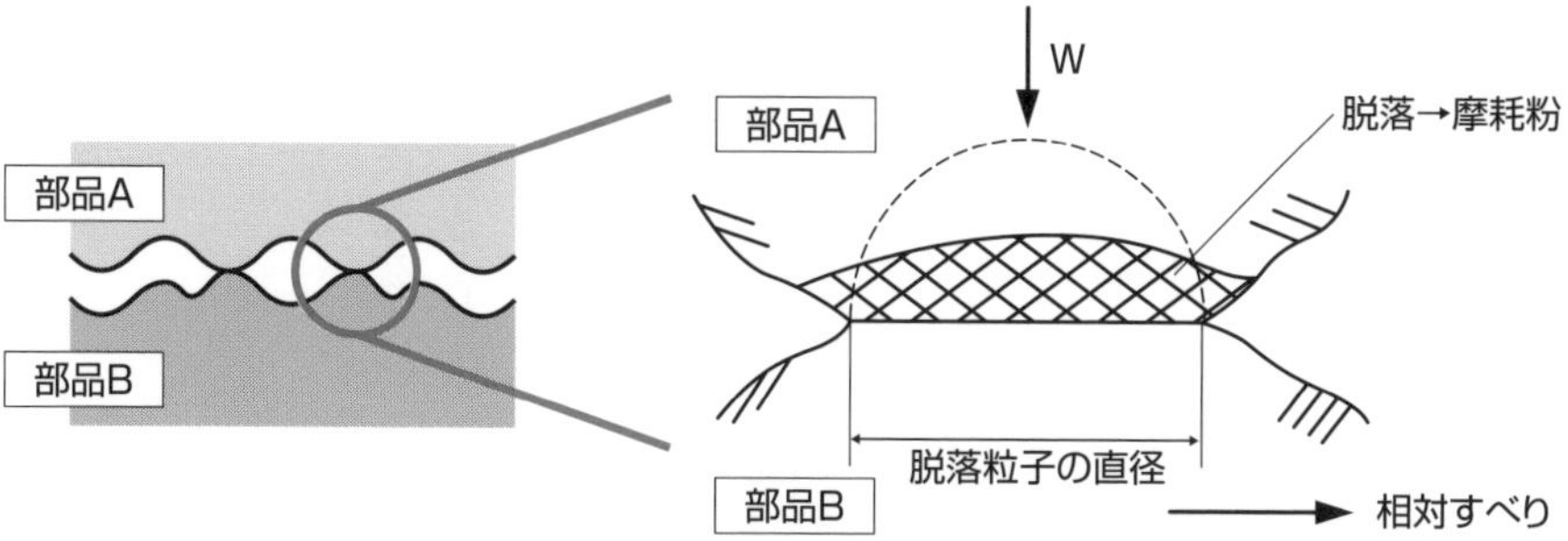

表面起点型剥離のモデル

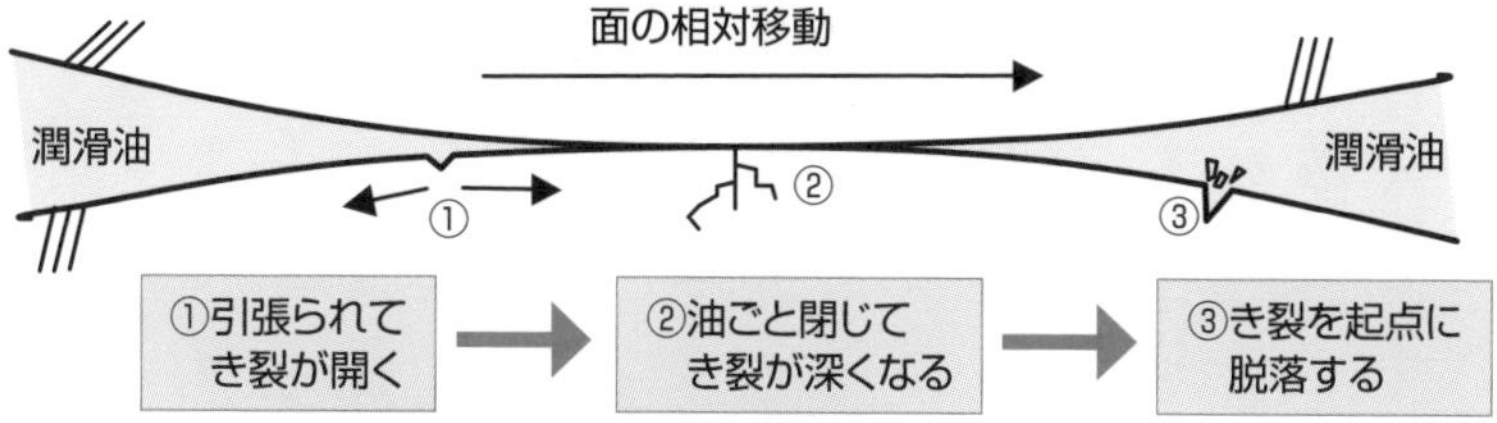

内部起点型剥離のモデル

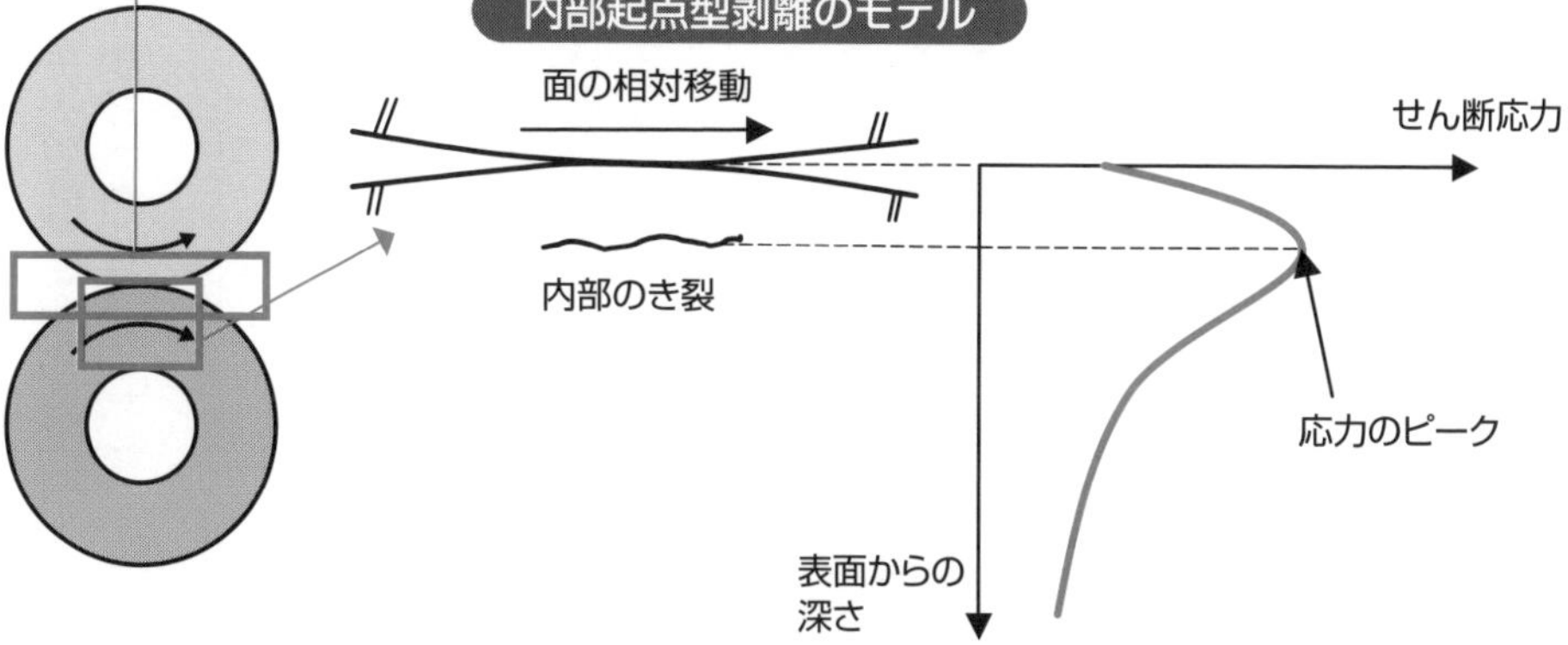

56 フレッティング

小手先では止まらない微小すべりによる損傷

リベットで締結した箇所や軸受のはめあい面などにおいて、赤褐色や黒色の摩耗粉を発生させることがあります。このときは、一般にフレッティングを疑ってみた方がよいでしょう。

フレッティングは、接触する二つの面の間において相対的に微小なすべりが継続的に加わることで発生します。その正体は、摩耗や腐食、疲労といった比較的激しく複合的な損傷です。ミクロ的な視点では、①接触する二面の間で擦れが生じる、②微小な動きによる擦れで接触面の最外層が剥がされる、③新生面が露出して最外層になる、④再び微小な擦れで最外層が剥がされる、というように次から次へと損傷を繰り返します。摩耗粉に見られる赤褐色や黒色は酸化した鉄粉の影響ですが、母材の組成や環境雰囲気によってその色合いは変わりますので、両者に大きな違いはありません。特に振動が加わる場合など、一度フレッティングが始まると、その機械の動作が変わらない限り収まることはなくどんどん進行しますので注意が必要です。また、往復荷重など繰り返しの運動が加わって発生する場合、フレッティング損傷面には微小なき裂が生じます。このき裂は負荷が掛かるたびに進展し続けるため、部品の疲労強度を大幅に低下させます。

フレッティングを防ぐには、設計段階でその対策を十分に検討することが大切です。対策方法としては、接触面の相対的な擦れを防止することが第一で、二つの部品の相対的な動きを完全に拘束してしまうことです。それが難しい場合には、接触する部品同士に予圧を加えて相対的な動きを抑えます。また、接触面にめっきなど表面改質処理を施して、材料の新生面が露出するのを防ぐ方法もあります。カムやピストンなど、相対運動が絶対に起こる接触面であれば、ショットピーニング（47項参照）などで接触表面の強度を上げるほか、潤滑状態を適切に保つことも必要です。

要点BOX

- フレッティングは微小すべりによる損傷
- 損傷は継続して進行し続ける
- 設計段階で根本的な対策を実施するべき

フレッティングの発生メカニズム

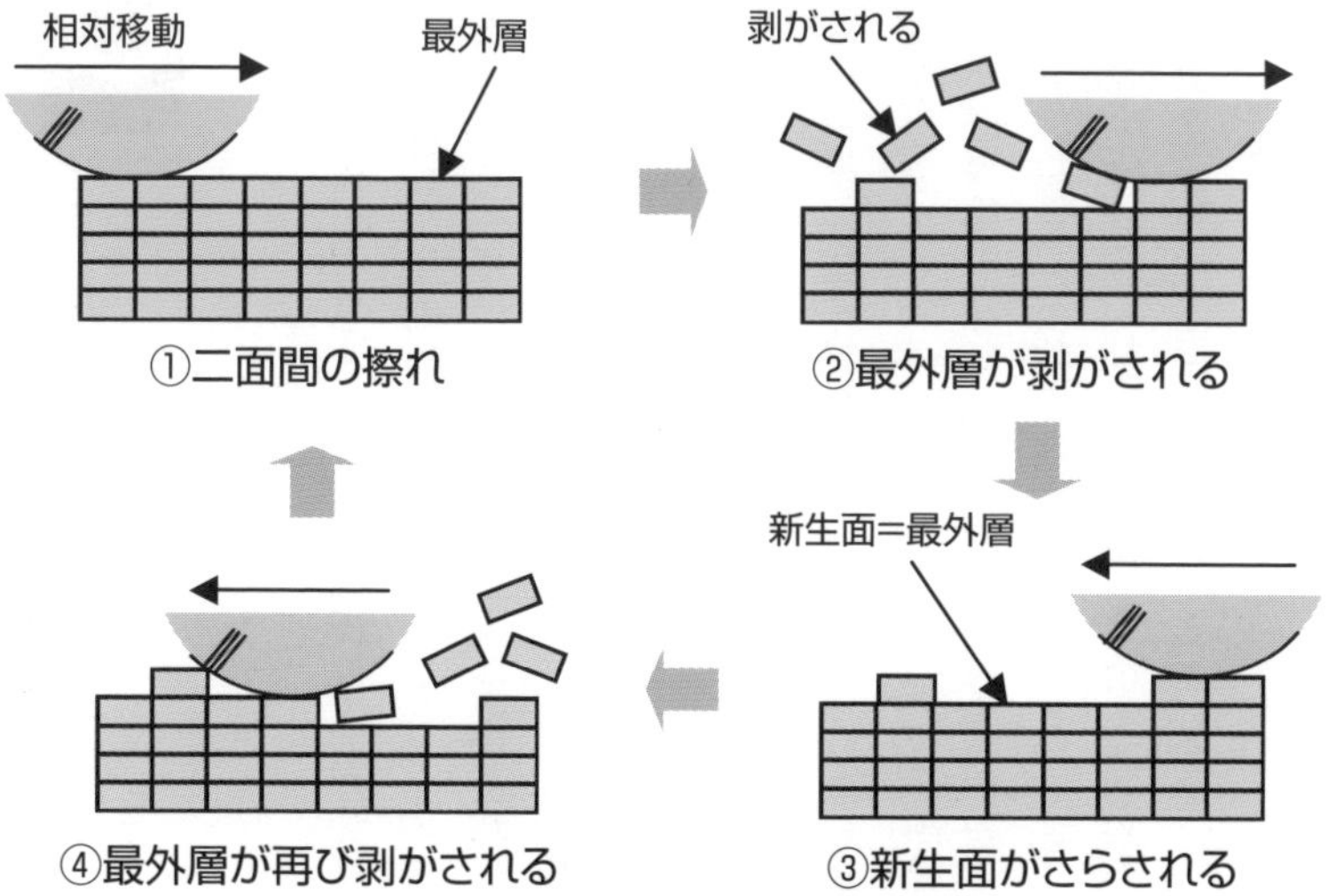

フレッティングの例

部品	損傷しやすい箇所
ベアリング	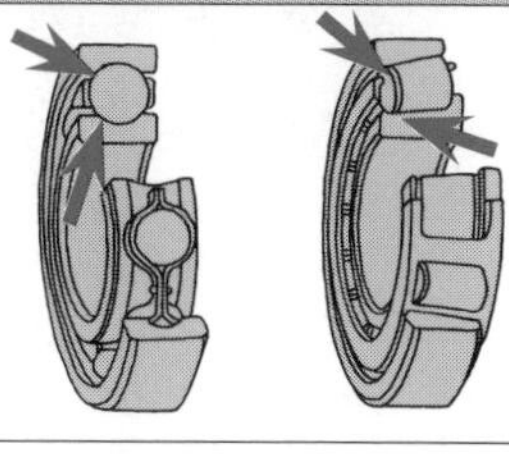
コンロッド	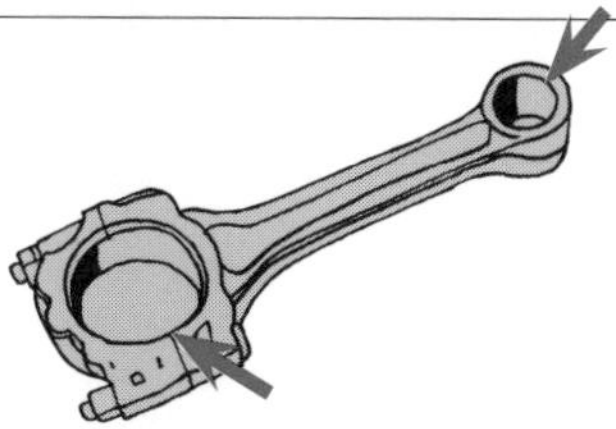
スプライン セレーション	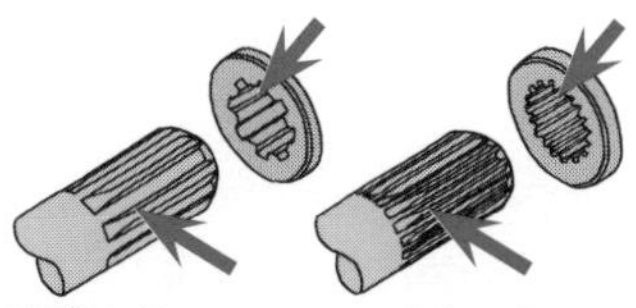

57 応力集中

局所的な乱れによって応力が大きくなる

部材に力が負荷されると、部材内部に応力が発生します。一般に、部材の断面が一様であれば、内部に生じる応力も一様に分布しますが、実際の部材の断面は一様ではないため、内部の応力の分布も一様ではありません。そのため、力の負荷の仕方や物体の形状によって、応力は場所ごとに変化します。特に孔や切欠き、溝、「きず」などがあると、これらの近傍では応力は一様に分布せず、局所的な乱れが生じて応力が大きくなります。このことを応力集中といいます。応力集中はこういった形状によるものだけでなく、介在物などの弾性的性質が異なる部分や、集中荷重や不連続的に分布する荷重などの不連続部、さらには温度分布の不連続部においても生じます。

この応力集中の度合いを定量的に表すために応力集中係数αが用いられます。応力集中係数αは、応力集中部に生じる最大応力を基準応力（公称応力とも呼ぶ）で除した値です。この係数αは形状係数と呼ぶこともあります。

実際の設計段階においては、応力集中を軽減する必要があります。対象部材の幾何学的形状に注目して、応力集中係数ができるだけ小さくなるように、応力集中部の形状や応力集中源の位置および負荷方向に対する配置などを決定します。

切欠きの場合には、切欠きの底の部分の曲率を大きくしたり、段付き部では円弧を大きく付けることで、応力集中係数を小さくすることができます。また、多数の孔や切欠きを引張荷重方向に一列に並べることにより、応力集中係数を小さくできます。

機械部品に、切欠き部があったり、孔を設けることは、構造上どうしても必要になります。そのため、応力集中の低減方法を理解しておくとよいでしょう。応力集中係数αの値は、設計便覧などにまとめられているため、その値を使用し、計算することも可能です。

要点BOX

●応力集中係数を小さくする
●力のかかる方向で応力集中係数が変わる

応力集中が発生しやすい箇所

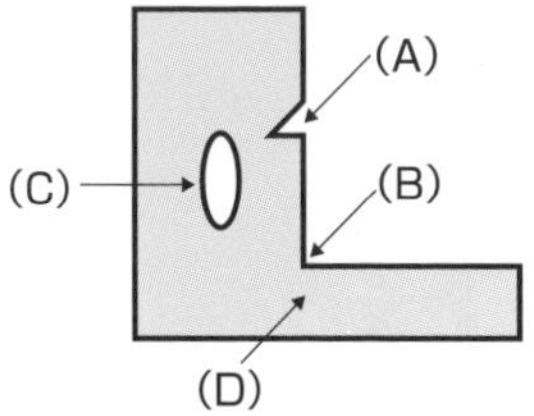

（A）切欠き部
（B）コーナー部
（C）材料内部の空洞部
（D）断面が急激に変化した箇所

孔部の応力集中のイメージ

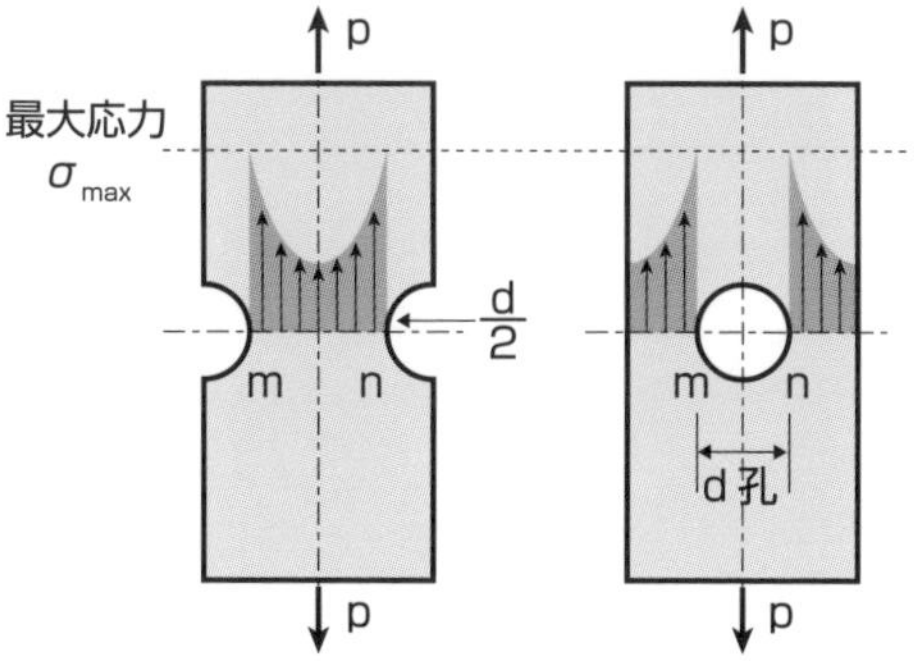

孔があるとその周辺は、応力値が高くなる

板材に孔があるときの応力集中係数の例

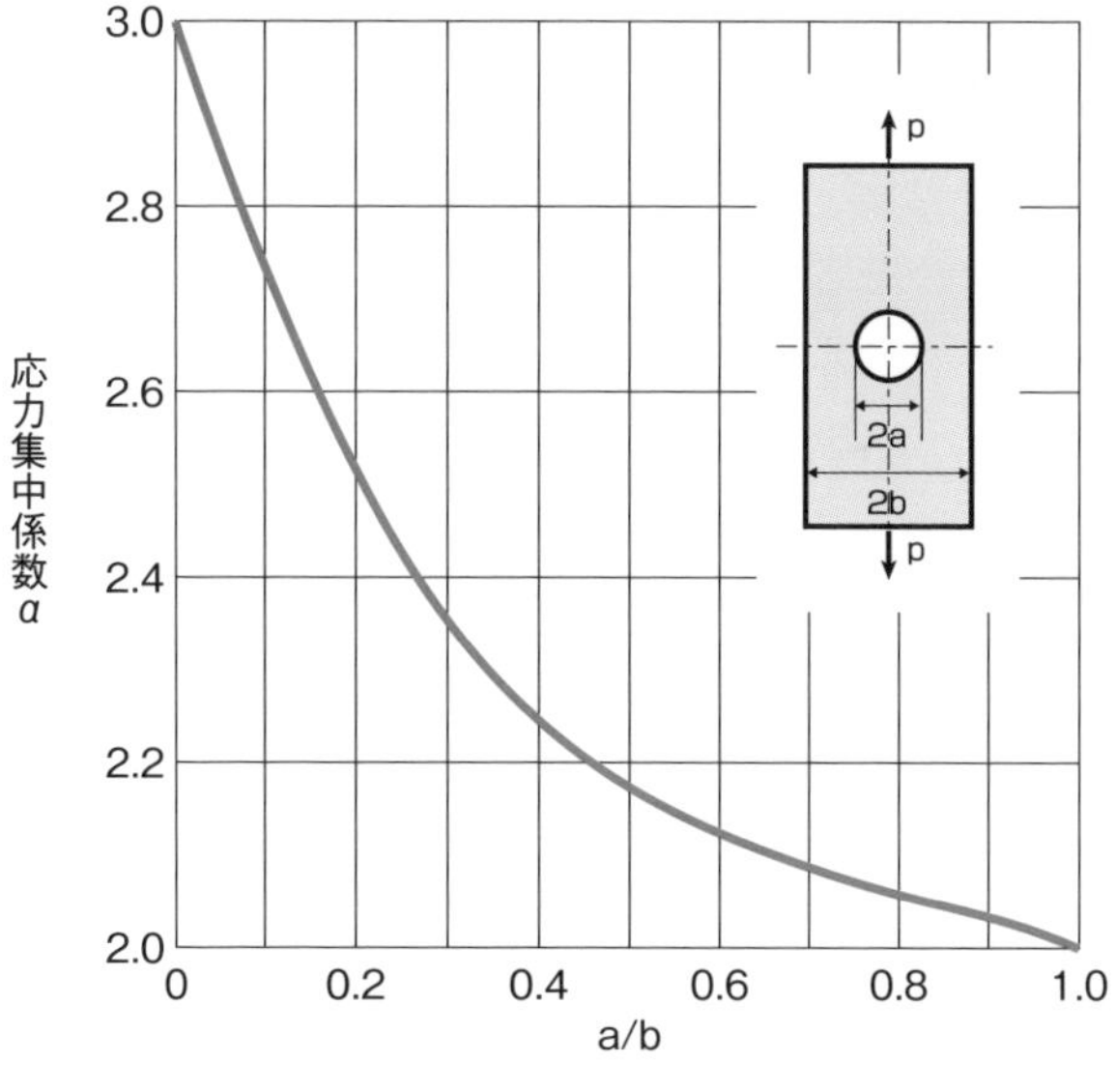

軸の段付き部の応力集中低減イメージ

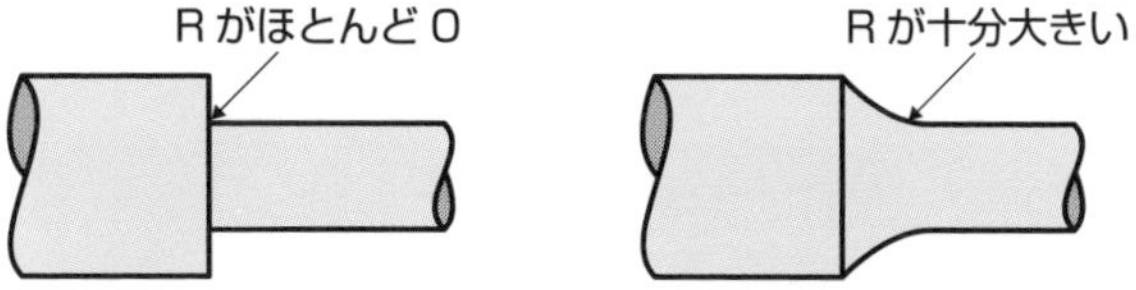

応力集中係数　大　　**応力集中係数　小**

58 キャビテーション

液体の流れにより金属材料が破壊する

キャビテーションは、高速に流れる液体中の圧力差により、短時間に泡の発生と消滅が起きる物理現象で、空洞現象ともいわれます。

流体機械や配管周辺の騒音や振動の要因となり、圧力が高い場合には、金属が破損することもあります。

発生原理は次の通りです。

流れ場の中で流速が増加すると圧力が低下し、液体の飽和蒸気圧まで低下すると発泡します。この現象はベルヌーイの定理で説明できます。圧力が回復すると泡は消滅しますが、このときに非常に高い衝撃圧が局所的に発生します。これによりポンプやプロペラにおいて、振動・騒音やエロージョン(59項参照)といった問題を起こします。

キャビテーションは以下の三つの条件が揃ったときに発生します。

・十分なキャビテーション核の存在
・十分な低圧
・十分な低圧持続時間

キャビテーションを防止するためには、流れの中の最低圧力が飽和蒸気圧以下とならないように、流体接触面の形状の最適化や流体との接触面積を広くすることが有効です。また、破損防止のために耐キャビテーション損傷性の高い材料を用いる方法があります。

具体的な材料には、クロム(Cr)、モリブデン(Mo)、ニッケル(Ni)などを添加したSCM材やSNCM材、オーステナイト系ステンレス鋼などがあります。

一般的に硬度や疲労限度が高い材料ほど、損傷に対する強さは高くなります。

実際に設計する際には、材料のキャビテーション損傷に対する強さなどのデータを参照するとよいでしょう。

要点BOX

●核の存在、低圧、持続時間が発生条件
●耐性の高い材料で損傷対策が可能

キャビテーション問題と応用

キャビテーション気泡発達

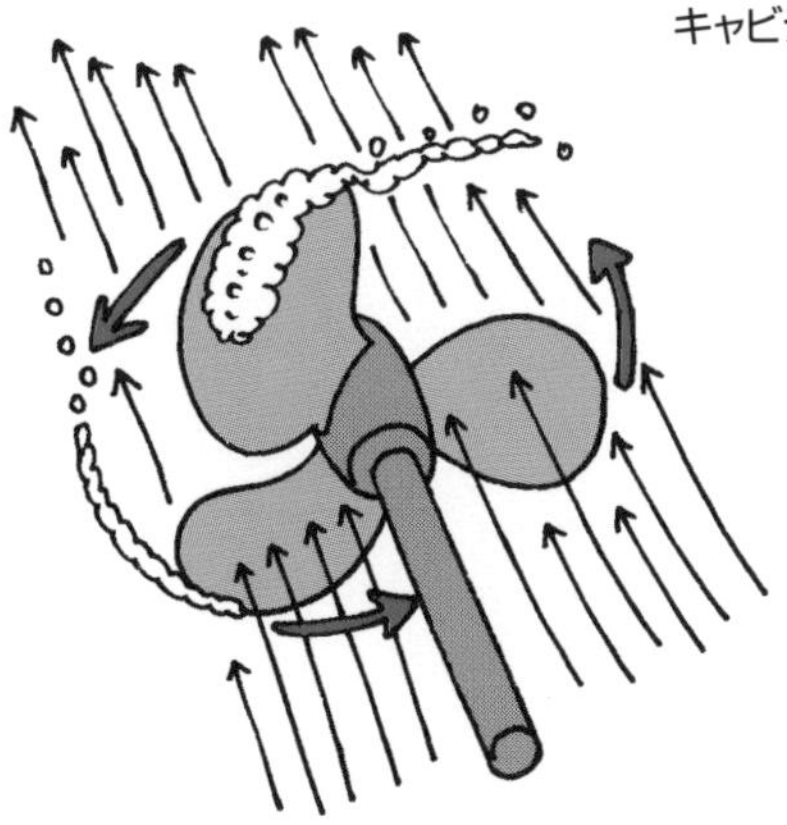

インペラ回りのキャビテーション

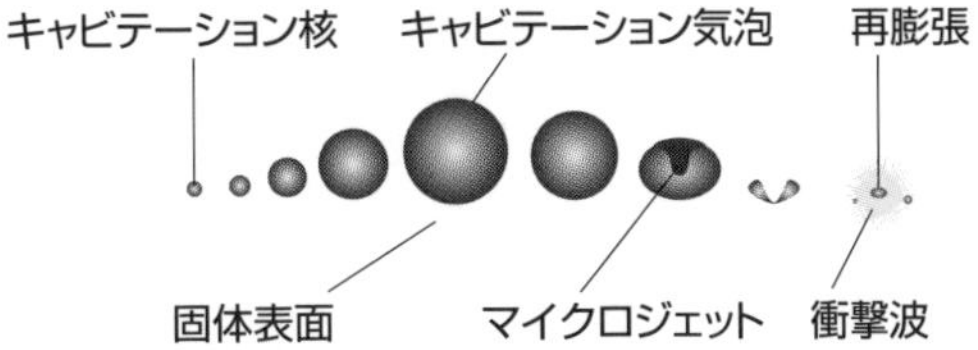

キャビテーション核が高速・低圧領域でキャビテーション気泡として発達。
キャビテーション気泡が固体表面で崩壊する場合にマイクロジェットとなり衝撃力を発生。
また崩壊時に気泡内の気体に収縮・再膨張が起こり、衝撃波が生じる。

キャビテーション数

$$Ca = \frac{p - p_v}{\frac{1}{2}\rho u^2}$$

ただし、
p：絶対圧力、p_v：蒸気圧
$\frac{1}{2}\rho u^2$：代表圧力（動圧）
（ρ：流体密度、u：流れの代表速度）

キャビテーションの解析に用いられる無次元数。
キャビテーション数（Ca）が小さいほど、キャビテーションが起こりやすい。

59 エロージョン・コロージョン

摩耗と腐食によるメカノケミカル現象

エロージョンとは、流体による繰り返しの衝突によって機械的に材料表面が摩耗する現象で、コロージョンとは腐食によって化学的に損傷する現象です。そして、エロージョン・コロージョンとは、この二つの作用が組み合わさって生じるメカノケミカル現象です。

その損傷の程度は、流体の種類や流速など流体側の要因や材料の性質、装置の構造などによって違いが生じます。

金属表面の腐食により錆が発生すると、この錆によって内側の金属面は外部から隔離され、腐食の進行速度は低下します。このとき、流体の摩耗作用によって錆が取り除かれると、その内側にあった金属の面は外部に曝され腐食が進むことになります。エロージョンによって錆が取り除かれ、コロージョンによって錆が発生するという複合的な作用を起こします。これにより、いずれか一方の作用だけのときよりも、腐食速度ははるかに速くなります。

エロージョン・コロージョンが起こりやすい状況は、配管の曲がり部など乱流が発生する箇所や、流体中に粒子状の固体が混ざっている場合です。オリフィスなど流路の断面を絞っている箇所も発生しやすくなります。

エロージョン・コロージョンによる損傷の可能性がある装置には、耐エロージョン性が高い材料の使用を検討する必要があります。

流路の構造や使用環境、流体の成分や衝突速度、衝突角度の違いなどについて、十分に考慮するようにします。

流体への腐食抑制剤（インヒビター）の添加や、材料表面へのコーティング、窒化や高周波焼入れによる表面硬化、電気防食なども効果があります。

装置自体の構造を検討することも有効です。経験や実績を重視して慎重に対策しましょう。

要点BOX

- ●流速が速いほど損傷量は大きくなる
- ●耐エロージョン性が高い材料が有効

エロージョン・コロージョンの状態図

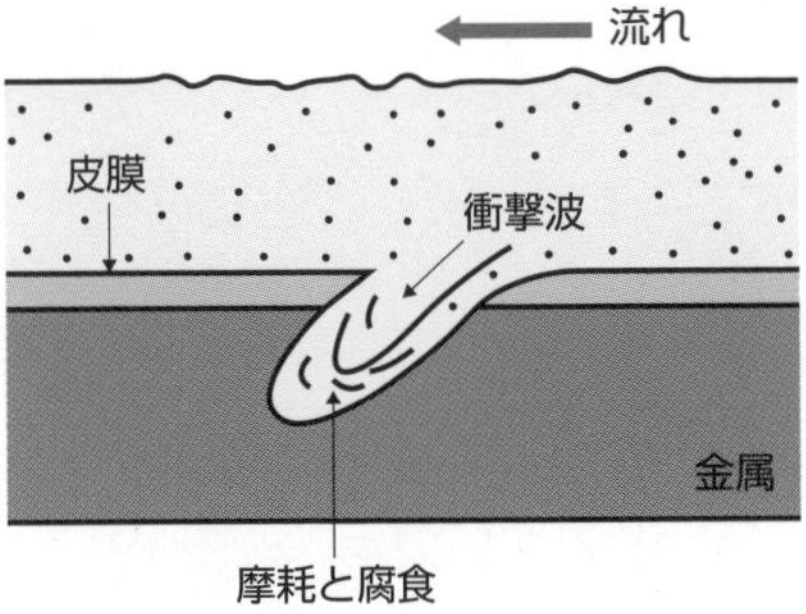

エロージョン・コロージョンを発生させる試験装置例（すきま噴流装置）

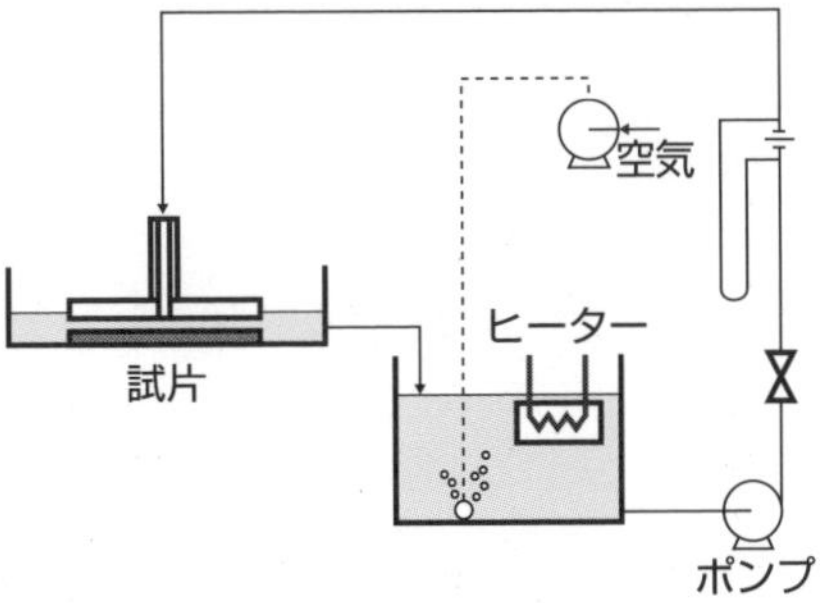

内径8mmのノズルから噴出する試験液を、1mmのすきまを隔てて置かれた試片に衝突させる装置

出典:「エロージョンとコロージョン」
社団法人　腐食防食協会　編

耐エロージョン用の主な材料

分類	材料
金属	高マンガン鋳鋼、高クロム鋳鉄、硬質クロムめっき
セラミックス	アルミナ、シリコンナイトライド、シュメルツバサルト
高分子	ゴム、ポリウレタン、超高分子量ポリエチレン

出典:「エロージョンとコロージョン」　社団法人　腐食防食協会　編

種々の材料の耐エロージョン性の比較

t_i(s):潜伏期間　R_h(μm／s):損傷速度　$t_{0.1}$(s):損傷深さが0.1mmに達するとき

材料	t_i(s)	R_h(μm／s)	$t_{0.1}$(s)
ガラス	0.5	1360	0.5
アクリル樹脂(PMMA)	1.2	400	1.1
アルミニウム	7	14	15
ポリアミド	77	6	83
アルミ合金	90	2.5	130
ポリウレタン	16	0.8	137
アルミナ(Al_2O_3)	270	0.4	530
純鉄	320	0.5	500
チタン	540	0.5	760
13Cr鋼	1500	0.35	1800
焼もどし6Cr鋼	4200	0.01	13000

出典:「エロージョンとコロージョン」　社団法人　腐食防食協会　編

Column

破壊事故と安全

　事故や不具合はもちろん起こさないことが大前提ですが、二度と同じ失敗を繰り返さないようにすることも非常に重要です。「対岸の火事」で終わらせないようにするべきです。全く想定していなかったことが原因で起こることもあり、実際に起こった事例から学ぶことは大切です。「機械材料」に関わる大事故として、〝コメット号の墜落事故（1954年）〟、〝リバティー船の折損事故（1943年）〟、〝タコマ橋の崩壊事故（1940年）〟という三つの破壊事故があります。以下に簡単に解説します。

　〝コメット号の墜落事故〟は、設計寿命の1／10程度の飛行時間で、ジェット旅客機コメット号が空中分解したものです。疲労による残留応力と切欠きによる応力集中の重要性が再認識されました。

　〝リバティー船の折損事故〟は、大型輸送船の折損による沈没が多発したものです。鋼材の溶接不良による脆性破壊が原因で、その後の脆性破壊の防止や溶接技術の進展に貢献しました。

　〝タコマ橋の崩壊事故〟は、タコマナローズ海峡にかかる吊り橋が、想定以下の風で崩落したものです。風の影響による自励振動が原因で、その後橋桁の剛性向上と形状の見直しなどに役立ちました。

　そのほか「機械材料」に関わる事故としては、スペースシャトルコロンビア号の墜落、HⅡロケット8号機打ち上げ失敗、HⅡAロケット6号機打ち上げ失敗、高速増殖炉もんじゅのナトリウム漏れなどが挙げられます。また身近なところでも、「機械材料」に起因したさまざまな事故や不具合が発生しています。それらを見過ごすことなく、原因を明らかにして次に活かしていくことを心掛けましょう。絶対に安全であるということはありえないので、注意深くリスクを減らして限りなく安全に近づける努力が必要です。

フーン
これは気をつけないといけないな!
タコマ橋崩壊!

第8章

周辺知識

60 材料記号

設計者・技能者の共通語

機械材料には材料記号と呼ばれる固有の文字列が付与されており、図面や成績表などではその記号で表します。この記号は英文字または数字あるいはその両者を組み合わせた簡略記法で表現されます。また、加工方法や熱処理方法などを付記する場合があります(左頁上表参照)。

鋼材やアルミニウム合金については、第2章で詳しく取り上げていますのでそちらを参照してください。ここでは、それ以外の材料について触れます。

焼結金属は軸受用と構造部品用に大別されますが、材料記号のルールは大きく変わりません。2016年から採用された記号では、先頭のハイフンに続き、材質、炭素量、含有物質、圧環強さや引張り強さの値で示されるようになりました(左頁中表参照)。また、多くのメーカーでは独自の材料記号を採用しています。

ゴムの場合、末尾の文字は分類を示す記号になります。分類は構造上の主鎖ごとに分かれており、「M」「O」「Q」「R」「T」「U」「Z」があります。一般的な合成ゴムは、主鎖に不飽和炭素結合を持つ「R」に分類されるもので、例えばCRやNBRが挙げられます(左頁下表参照)。プラスチックの場合、鋼材などと異なり体系的なルールがなく、おおむね英語表現からアルファベットを選んで組み合わせています。ガラス繊維(GF)など充填剤や強化材が含まれる場合は、母材に続いて併記するのが一般的です。JISのルールでは、物質記号と構造を示す記号を並べて記します。これらの充填量を%で付記することもあります。

焼結金属や樹脂では、ISOとJISはほぼ同じ材料記号を規定していますが、中には規格には掲載されていない材料も存在します。これらはメーカーがより良い特性を付与したものですので、その入手性は限られる場合もあります。材料指定の際は、これらの点に留意しておきましょう。

要点BOX

- ●加工方法などを付記することがある
- ●樹脂は充填剤・強化材も付記する
- ●共通規格以外の材料記号には注意

みがき鋼棒の加工方法・熱処理方法の記号

分類	材料規定	加工方法(記号)	熱処理方法(記号)	表記の例
炭素鋼	JIS G3108:2004 JIS G4051:2009 JIS G4804:2008	冷間引抜き(D) 研削(G) 切削(T)	焼ならし(N) 焼入焼戻し(Q) 焼なまし(A) 球状化焼なまし(AS)	SDG400-T S45C-DQ SUM23-D SMn420H-T SCM435-G
合金鋼	JIS G4052:2008 JIS G4053:2008			

出典　JIS G3123:2004、表1

焼結金属材料(軸受用鉄系)の例

分類	材料例	C(%)(結合)	Sn(%)	Cu(%)	C(%)(黒鉛)	Fe(%)	圧環強さ(MPa)
純鉄系	-F-00-K220	0.3未満	−	−	−	残	220超え
鉄-銅系	-F-00C22-K150	0.3未満	18〜25	−	−	残	150超え
鉄-青銅系	-F-03C36T-K120	0.5未満	34〜38	3.4〜4.5	0.3〜1.0	残	120〜345
鉄-炭素-黒鉛系	-F-03G3-K70	0.5未満	−	−	2.0〜3.5	残	70〜175

出典　JIS Z2550:2016、表2

焼結金属材料(構造部品用鉄系)の例

分類	材料例	C(%)(結合)	P(%)	Ni(%)	Fe(%)	耐力(左)または引張強さ(右)(MPa)	
純鉄系焼結体	-F-00-100	0.3未満	−	−	残	100以上	−
鉄ー炭素系焼結体	-F-05-170	0.3〜0.6	−	−	残	170以上	−
鉄-銅-りん焼結体	-F-00C2P-260	0.3未満	0.40〜0.50	−	残	260以上	−
鉄ー炭素系熱処理体	-F-08-450H	0.6〜0.9	−	−	残	−	450以上
鉄-ニッケル系熱処理体	-F-05N2-800H	0.3〜0.6	−	1.5〜2.5	残	−	800以上

出典　JIS Z2550:2016、表3、表4、表7、表9

ゴム材料の例

分類	主鎖	代表例
M	ポリメチレンタイプの飽和主鎖	ACM, CSM, EPDM, FKM
O	炭素と酸素を持つ主鎖	CO
Q	けい素と酸素を持つ主鎖	MQ, VMQ, FVMQ
R	不飽和炭素結合の主鎖	CR, IIR, NBR, SBR,XBR,BIIR
T	炭素、酸素及び硫黄を持つ主鎖	OT
U	炭素、酸素及び窒素を持つ主鎖	AU
Z	りんと窒素を持つ主鎖	FZ

出典　JIS K6397:2005、表1

61 材料力学

合理的な強度設計のための工学

材料力学とは固体の力学と材料学を組み合わせ、理論と実験によって合理的な強度設計を最終目的とする工学の一分野です。機械や構造物の各部に生じる内力や変形の状態を導き、材料ごとの破壊に至る過程や要因を明らかにします。

応力とは単位面積あたりに作用する力です。丸棒を引っ張った場合に、荷重が作用面に対して垂直方向であれば垂直応力（σ）、作用面に対して平行であればせん断応力（τ）と呼びます。実際の設計で問題となるような複雑な形状をした部材に、多方面から力が加わる場合には応力テンソルという考えを取り入れる必要があります。詳細は左頁の図を参照してください。

材料の特性値を評価する際には、3次元的な応力テンソルを等価な1軸のスカラー量である等価応力に変換すると便利です。等価応力と材料の破断、降伏条件には次のようなものがあります。

・最大主応力説：最大主応力が材料の破断を決定するという考えです。ガラスなどの脆性材料によく当てはまります。主応力とはせん断応力成分がゼロとなるように座標系を変換したときの垂直応力のことです。

・せん断ひずみエネルギー説：単位体積あたりのせん断ひずみエネルギーが材料の降伏を決定付けるという考えです。鋼材などの延性材料によく当てはまり、せん断ひずみエネルギーに比例する相当応力をミーゼス応力と呼びます。

・最大せん断応力説：最大せん断応力が降伏を決定するという説で、トレスカの応力説とも呼びます。延性材料に当てはまり、ミーゼス応力よりも安全側の値となります。

使用する材料の性質と等価応力を考慮して、材料と形状を検討することが重要となります。

要点BOX

●理論と実験により合理的な設計を目指す
●3次元的な応力を等価応力に変換して検討
●用いる材料の性質に応じて、評価方法を検討

垂直応力とせん断応力

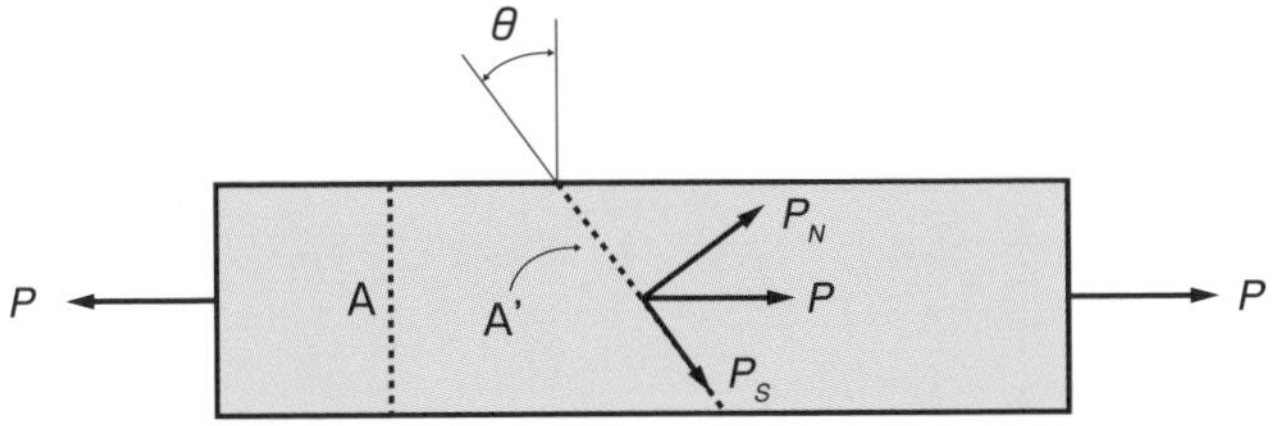

断面Aからθだけ傾いた傾斜断面A'上の垂直応力P_Nとせん断応力P_S
（$P_N = P\cos\theta$、$P_S = P\sin\theta$と表される）

応力テンソル

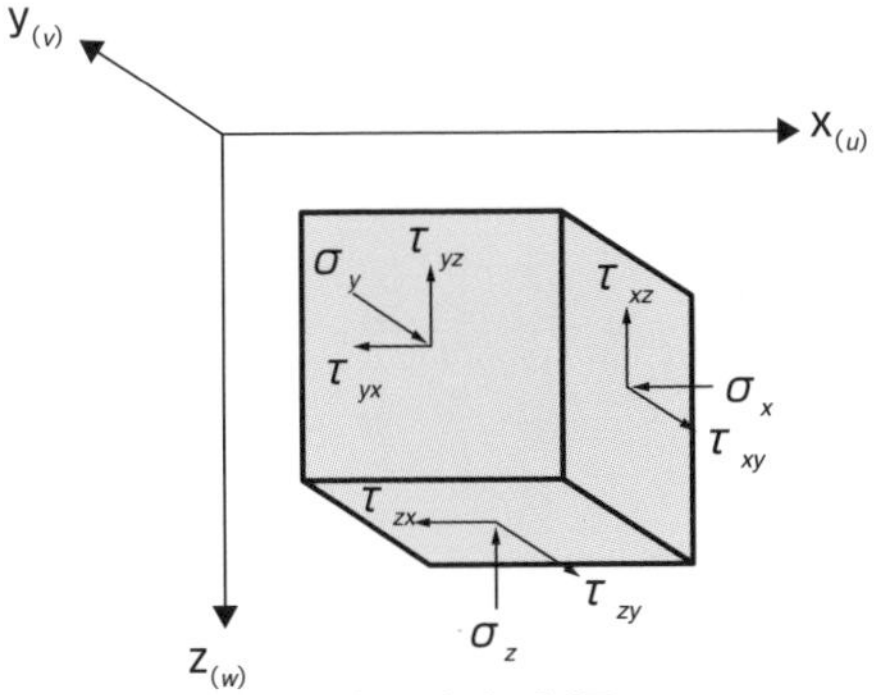

3次元直角座標

応力テンソルによって任意の方向の応力を抽出することができる。

応力成分を考えている微小面の法線の向きと作用する力の向きが一致する応力σが垂直応力、一致しない応力τがせん断応力となる。

ミーゼス応力

$$\sigma_{VM} = \sqrt{\frac{1}{2}\left\{(\sigma_1 - \sigma_2)^2 + (\sigma_2 - \sigma_3)^2 + (\sigma_3 - \sigma_1)^2\right\}}$$

σ_1、σ_2、σ_3はそれぞれ最大主応力、中間主応力、最小主応力です。
応力テンソルの成分で表すと

$$\sigma_{VM} = \sqrt{\frac{1}{2}\left\{\begin{array}{l}(\sigma_x - \sigma_y)^2 + (\sigma_y - \sigma_z)^2 + (\sigma_z - \sigma_x)^2 + \\ \quad 3(\tau^2_{xy} + \tau^2_{xz} + \tau^2_{yz} + \tau^2_{yz} + \tau^2_{zx} + \tau^2_{zy})\end{array}\right\}}$$

62 安全率

材料の基準強さと許容応力との比

安全率とは構造物全体、またはそれを構成する各部材の安全の度合いを示す比率のことです。安全率を式で表すと、安全率＝（材料の基準強さ）／（許容応力）となります。ここで、許容応力とは、許容できる応力、つまり製品として使用する際にかけてもよい応力の最大値のことです。基準強さとはその材料の破損の限界を表す応力であり、引張り強さなどを用います。また、塑性変形が許されない場合には降伏点、繰り返し荷重が作用する場合は疲れ限度に等しく選ぶ場合もあります。

安全率の決定には、次のようなさまざまな条件を考慮することが大切です。

①材料の種類（脆性材料か延性材料かなど）
②荷重の種類（静荷重か動荷重か、特に衝撃荷重のときは要注意）
③応力の種類（単純応力か組み合わせ応力かなど）
④加工の仕方（表面加工、熱処理、切欠きの有無など）
⑤使用するときの温度（高温、常温、低温、ヒートサイクル）
⑥使用状態（真空、放射能曝露、腐食環境下での使用など）

安全率は高ければ高いほどよいわけではありません。低ければ危険性が増しますが、高すぎると機械の重量や製作コストが増加します。航空宇宙工学では、安全率は1・15～1・25倍と極めて低い値を用います。その代わり、コンピュータを用いた解析やシミュレーション（模擬実験）によって綿密で正確な強度計算を行って設計されます。

製造工程では材料欠陥や加工傷などの検査を十分に行い、品質管理が徹底された中で製造、検査されます。

材料特性や過去の経験、環境の変化や事前評価の精度などを考慮して、最適な安全率の設計ができる設計者を目指しましょう。

要点BOX

●安全率＝材料の基準強さ／許容応力
●強度計算や品質管理と共に最適な設定を行う

安全率の例

材料	静荷重	繰り返し荷重（片振）	繰り返し荷重（両振）	衝撃荷重
鋳鉄	4	6	10	15
軟鋼	3	5	8	12
鋳鋼	3	6	8	15
銅	5	6	9	15
木材	7	10	15	20

ワイヤロープの選定（安全率の設計例）

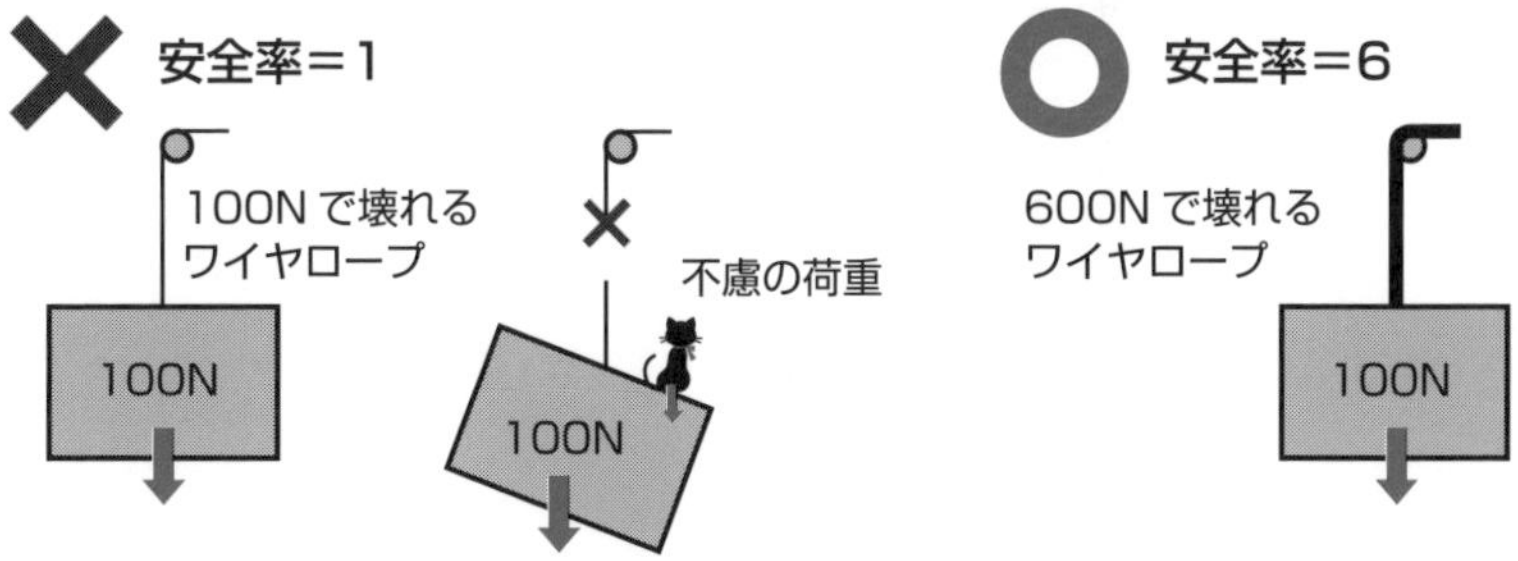

荷物を吊り上げるワイヤロープを考えてみる。
100Nの荷重で破断するワイヤを使って、重量100Nの荷物を吊り上げる場合、安全率＝1となる。しかし、風などの不慮の外乱があったり、ワイヤロープが錆びていたりするとワイヤロープは破断し荷物の落下に至るので危険である。
通常、荷物を吊り上げるためのワイヤロープの安全率は6以上がよいといわれている。すなわち、重量100Nの荷物を吊り上げるためには、600N以上の荷重まで使えるワイヤロープを使用する必要がある。

63 標準化

品質の安定化、コスト低減、能率向上を実現

機械材料の標準化のイメージは左頁下図のようなピラミッド型にたとえられます。ＪＩＳ規格などの規格類が一番上にあり、国内の産業界において統一規格がその下にあり、底辺に社内で標準的に使用する材料の規格になります。

ＪＩＳでは、材料記号や機械的特性・成分などを規定しています。これにより、その材料がどういったものであるか共通認識できます。このＪＩＳは、国際規格であるＩＳＯとも関連していて、国際規格との対比表としてＪＩＳ内に掲載されています。技術のグローバル化が進んできたため、標準規格の存在がさらに重要になってきています。

産業界においては、国ごとや業界ごとに用途にあった実績がある材料の統一規格があります。材料メーカーではそういった材料の種類やサイズ、グレードを揃えていて、選択しやすくなっています。また、新しく開発された機械材料を早く規格化することが求められます。

さらに、社内規格で標準材料を決めておくことも重要です。市場には多種多様な材料が存在しています。各設計者がばらばらにこれらの材料を選定して図面指示することによって、材料の調達や加工方法が変わり、最終的な製品の品質や信頼性にも違いが生じます。そのため、社内の過去の実績をふまえて標準化しておくことで、不具合の発生を未然に防ぐことができます。

機械材料を標準化することによって、実績がある入手しやすいものを選定することができ、選択する種類も減らすことが可能になります。そのため、品質の安定化、コスト低減、能率向上などの効果が得られます。よって、積極的に標準化することが望ましいといえます。ただし、機械材料は日々改良が進んでいるため、新しい情報を入手したり、トライすることも大切です。

要点BOX

- ●JIS規格により共通認識が可能になる
- ●業界ごとの材料の統一規格がある
- ●社内規格で使用する標準材料を決めておく

社内規格を守って、設計する

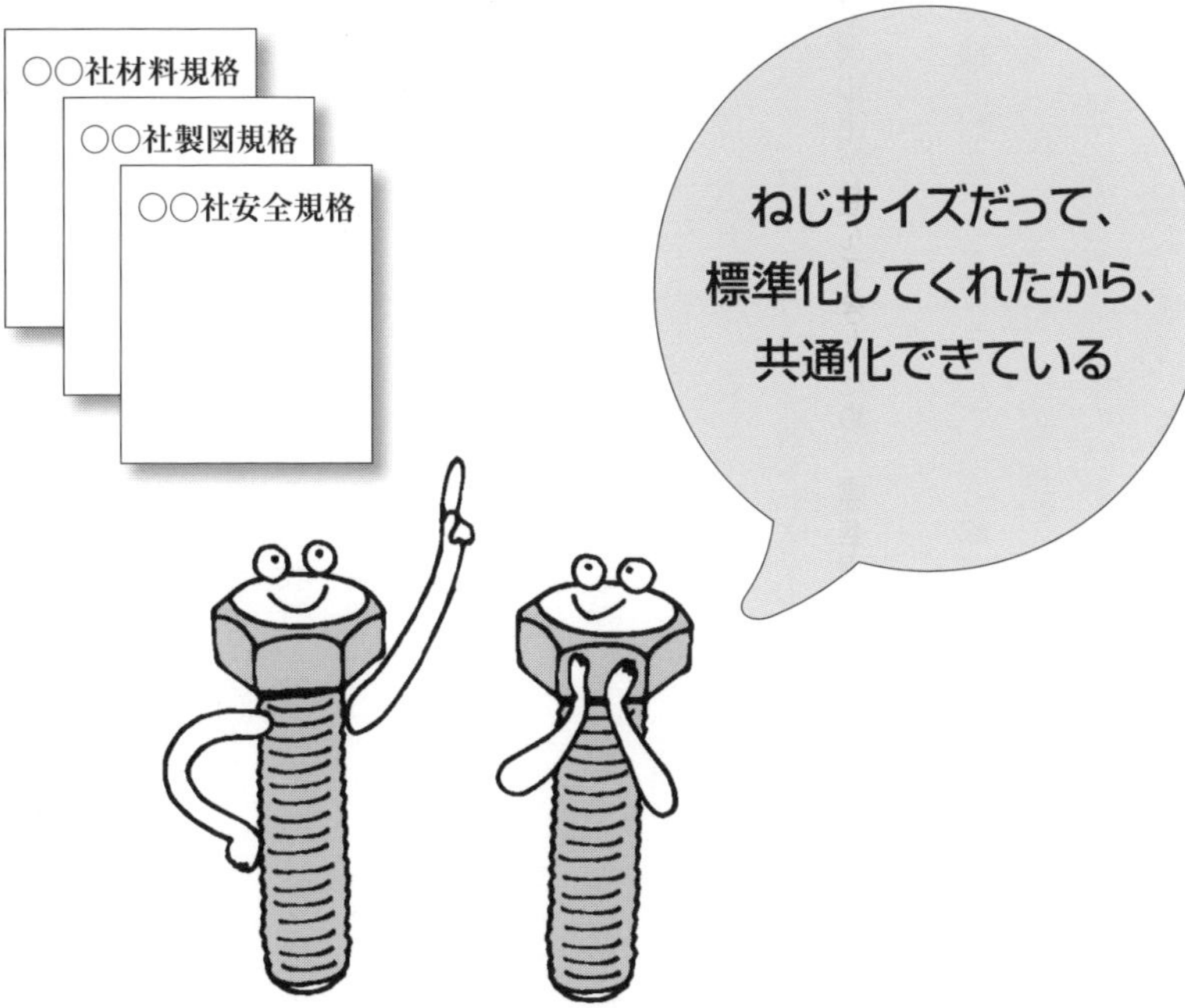

国際規格は、身近なJIS規格のおおもと

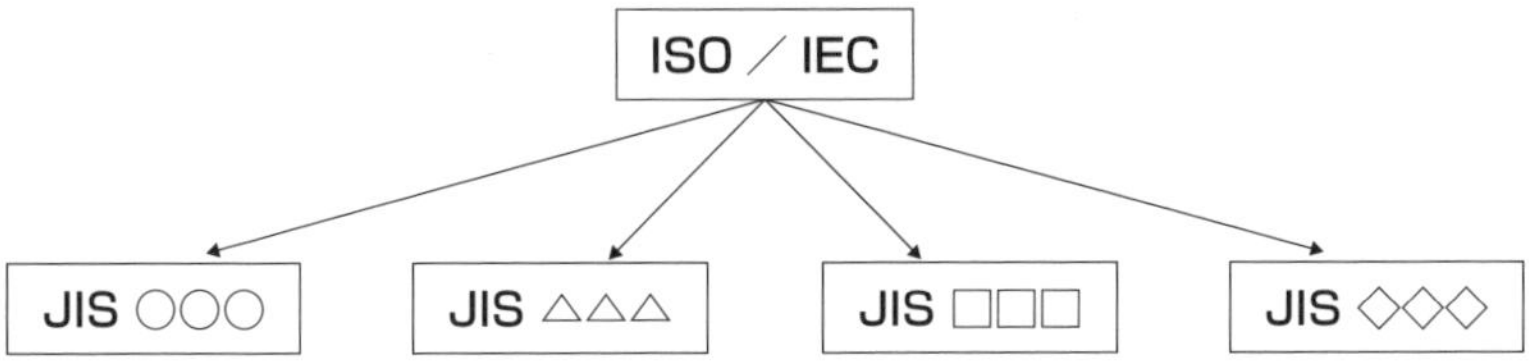

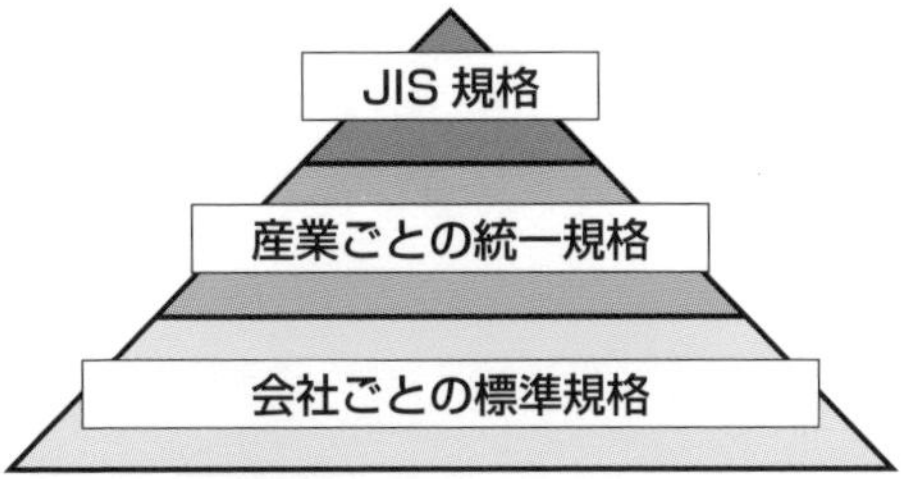

機械材料の標準化のイメージ（ピラミッド型）

64 CAE

構造物の変形、応力、温度特性などを簡易に導出

CAEとはComputer Aided Engineeringの略であり、コンピュータ技術を活用して製品の設計、製造の事前検討の支援を行うこと、またはそれを行うツールのことをいいます。近年では開発期間を短縮する必要性から、CAEを活用したフロントローディングの取り組みが進んでいます。

コンピュータ上で物理現象を導出する際に有限要素法（FEM：Finite Element Method）という数値解析手法が用いられます。FEMでは解析対象の3次元CADデータ（以下3DCAD）からメッシュと呼ばれる要素に分割した全体形状を作成し、計算を実行します。

構造物を対象としたCAEである構造解析は、構造物に生じる応力や変位、固有振動を3DCADデータから簡易に導出でき、その結果を踏まえて事前の設計検討を可能にします。また最近では、熱と構造の連成解析を実行することで、発熱による温度分布とそこで生じる熱膨張からの構造変形を一連の作業で導出できるようになってきています。

さらに近年では3Dプリンタによる造形を想定して、トポロジー解析やジェネレーティブデザインによる設計検討が利用され始めています。求める条件や制約を入力することで、コンピュータが自動的に適した形状候補を抽出するので、従来の常識を超えた設計出力が期待できます（3章末コラム参照）。

簡易に活用することが可能になったCAEですが、基礎的な知識がないと事故や過剰品質によるコスト高、重量増を招くことがあります。例えば、応力が集中する箇所では、メッシュのサイズにより応力値が大きく変化します。また、設定する拘束条件や荷重条件が実現象と異なっていれば、導出する値も現実とは大きく離れたものになります。特に経験が浅いうちは、計算値と実験値との整合性を確認し、結果の妥当性を確かめることが大切です。

要点BOX

- ●CAEを活用して設計のフロントローディングが可能
- ●拘束、荷重設定を適切に行うことが重要

CAEが活躍する範囲

ジェネレーティブデザインを用いた設計フロー

現在：過去の設計案をベースに形状作成→CAE等で事前検証

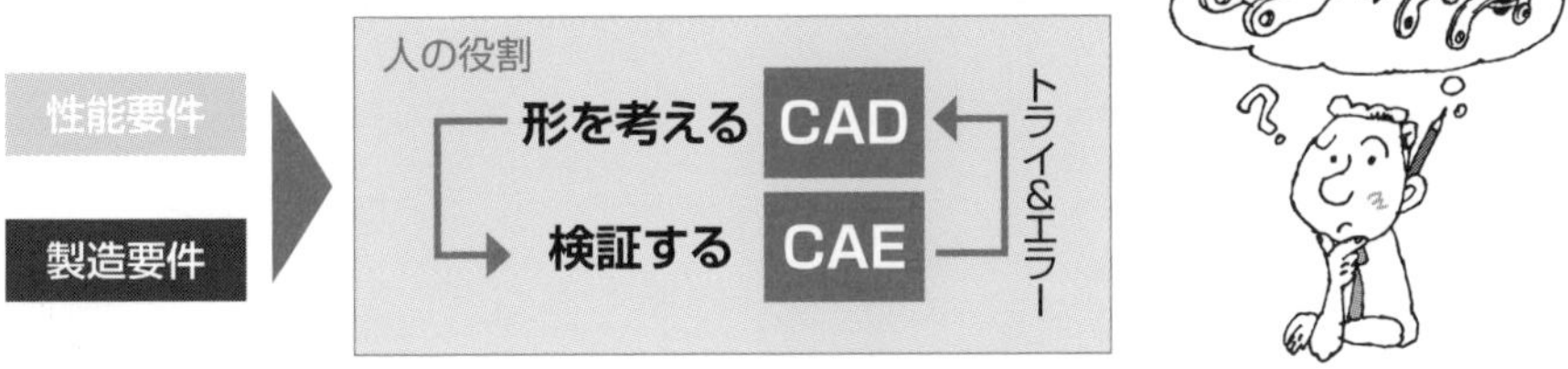

将来：人は条件を考える→コンピュータはそれを満たす形状案を生み出す

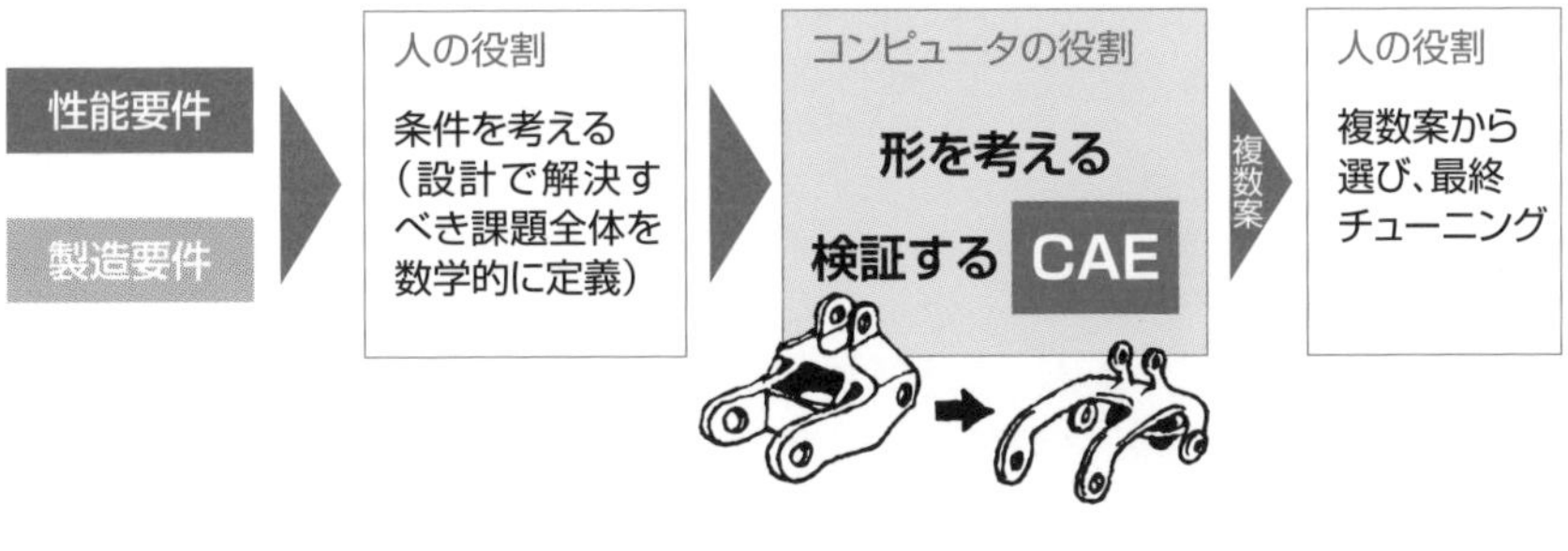

65 マテリアルズ・インフォマティクス(MI)

新材料を効率的に予測、発見する

マテリアルズ・インフォマティクスとは、機械学習やデータマイニングなどの情報科学(インフォマティクス)の技術を用いて、効率的に新材料の開発を行うことです。機械学習は人工知能(以下AI：Artificial Intelligence)の中核をなす統計分析技術で、データマイニングは大量のデータから知識を見出す技術です。AI関連技術の急速な発達や高性能なスーパーコンピュータにより、過去の実験やシミュレーション、論文などの膨大なデータを解析し、機械材料の分子構造や製造方法を予測することが可能になっています。

AIが未知のパターンを見つけ出すことにより、材料開発のプロセスにブレークスルーを起こすことが可能な、非常に魅力的な技術といえます。

新材料を製造するプロセス・インフォマティクス、効率的に測定・解析する計測インフォマティクス、材料の物性やプロセスを理解する物理インフォマティクスといった内容も含む場合があります。

新材料を開発するには、以下のようなアプローチ方法があります。

・既知の材料の性能をチューニングして、高性能な類似材料をつくる。
・既知の材料とは異なるまったく新しい材料を創出する。

AIは、既知のデータに基づいて予測を行うため、既知のデータ周辺における「局所的な予測」は可能な一方、既知のデータから離れた領域の予測は難しいのが現状です。材料の性能指標が複数存在し、さらに製造上の制約があります。このような多様な要求に折り合いをつけ、ときに相反する要求の妥協点を見出す必要があります。より安くより高い性能を示す素材を見つける必要があります。高度化したAIにより、限られたデータの傾向を捉え、実現可能な材料を探し出す(最適化)ことにより、新材料の開発が可能になります。

要点BOX

●機械学習やデータマイニングを活用する
●人工知能(AI)による新材料の開発
●実現可能な材料を探し出す

マテリアルズ・インフォマティクスとは

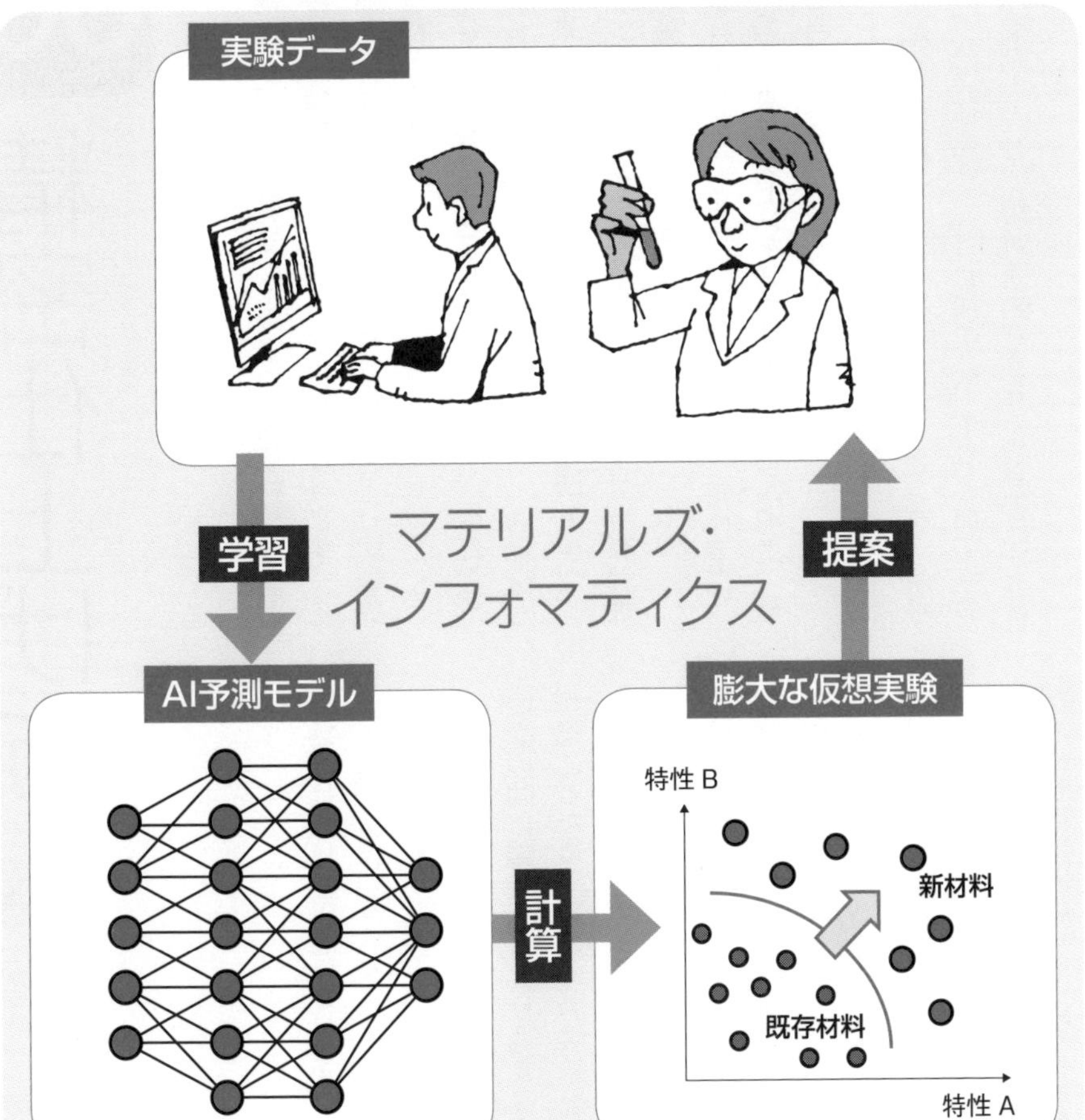

66 精密仕上げ方法

見た目の改善と機能性の向上が可能

精密仕上げをすることによって、機械材料表面の面粗度や面精度を上げることが可能になります。そうすることによって、見た目の改善はもとより機能的にも材料の性能が向上します。

機械的な摩擦による損失（フリクション）の低減、耐摩耗性や強度の向上、動力伝達時のノイズ低減などの効果があります。加工硬化（47項参照）も少なくなって、加工熱の影響による不具合が減り、材料表面の組織が均一なまま保たれます。

精密仕上げの方法には、ホーニング、超仕上げ、ラッピング、ポリシング、バフ仕上げ、バレル加工、ショットブラストなどがあります。

ホーニングや超仕上げは、高速で回転する砥石に圧力を加えて研削する方法です。ラッピング、ポリシング、バフ仕上げ、バレル加工は、工具と加工物の間に研磨剤を入れ、相対運動をさせて表面を仕上げます。ラッピングやポリシングでは、表面粗さが0・01μmの鏡面仕上げが可能になります。ショットブラストとは、砂や鋼・鋳鉄などの微粒子を吹き付けて表面を仕上げる方法です。

また摺動面において、両方の面が平坦であると二つの面の間に潤滑油が入り込まなくて固着や焼き付きが起こるため、潤滑油の供給源になる油だまりを作る必要が生じます。そのため「きさげ」仕上げを行って、平坦さを損なわない範囲で表面に微小な窪みを意図的に作ります。この「きさげ」仕上げは作業員が手作業で行いますが、高精度に仕上げるには熟練した技術が必要になります。

以上のように、機械材料を精密に仕上げる方法にはいろいろな方法があり、その精度や用途もさまざまです。必要な外観や機能を満足させるために、どの精密仕上げ方法が最適かを、コストや納期を考慮しながら選択するようにしましょう。

要点BOX

- ●機械材料表面の面粗度や面精度を上げる
- ●摺動面には「きさげ」仕上げを行うことも
- ●コストや納期を考慮して最適な方法を選択

精密仕上げ方法

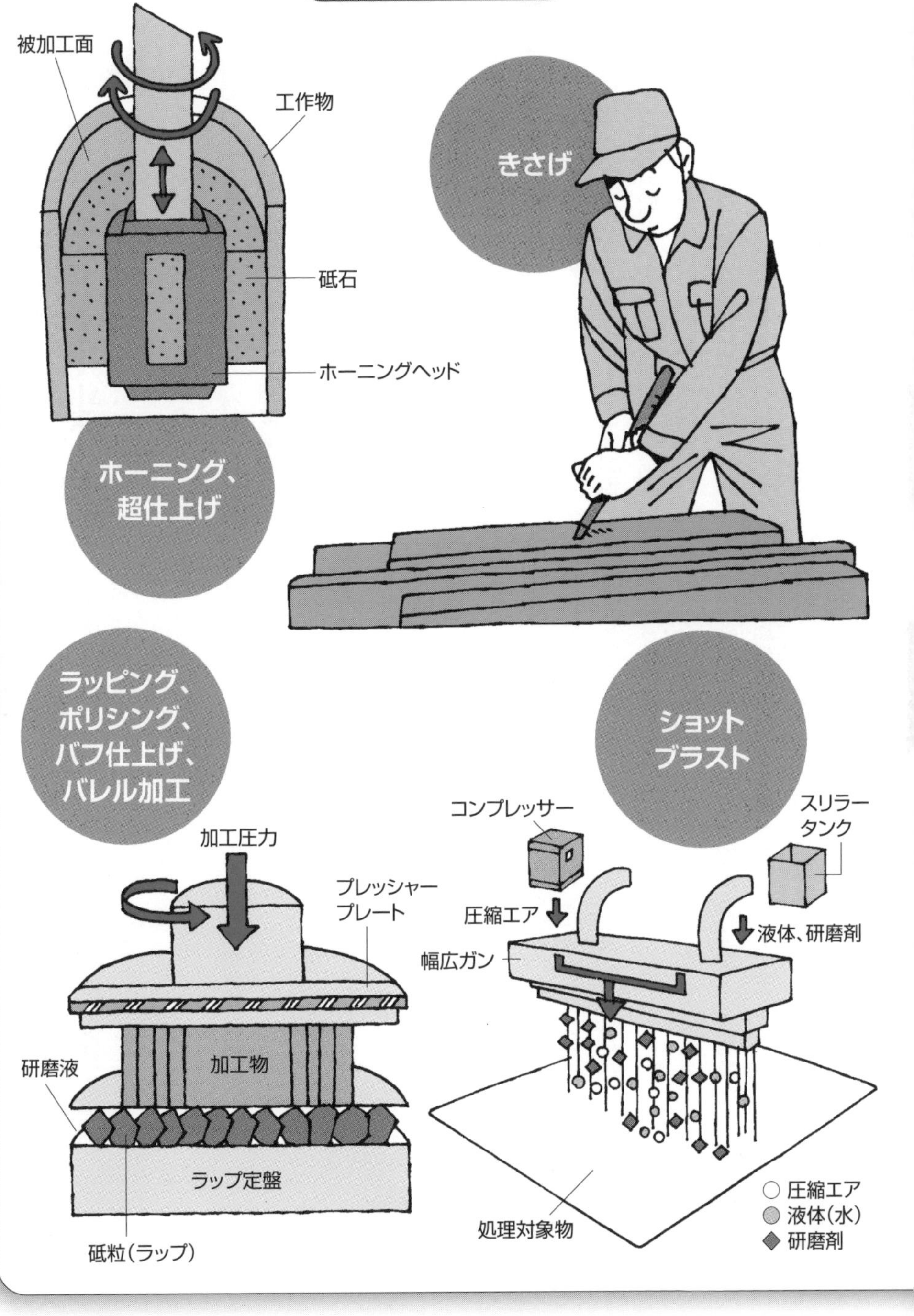
被加工面
工作物
砥石
ホーニングヘッド
ホーニング、
超仕上げ
きさげ
ラッピング、
ポリシング、
バフ仕上げ、
バレル加工
加工圧力
プレッシャー
プレート
加工物
研磨液
ラップ定盤
砥粒（ラップ）
ショット
ブラスト
コンプレッサー
スリラー
タンク
圧縮エア
液体、研磨剤
幅広ガン
処理対象物
○ 圧縮エア
● 液体（水）
◆ 研磨剤

67 異種材料接合

多種多様な接合法から適不適を見極める

異なる材料同士を接合させるときは、材料の持つ物性や表面性状のほか、要求されている強度や使用環境など、諸条件を十分考慮することが大切です。接合方法は主に、直接法と間接法に大別できます。

直接法には、加熱や加圧による圧接が挙げられます。炭素鋼と合金鋼のような同種の金属同士や鋼と非鉄のような異種金属同士の一部では、拡散接合や摩擦圧接、常温圧接などの固相接合が用いられます。例えば、接合部を母材より硬いツールで加圧回転し、母材を融解させず接合部周辺の塑性流動で固相接合する摩擦攪拌接合（ＦＳＷ）があります。この固相接合面には、互いの材料が一定比率で混ざった金属間化合物が形成されます。ただし、材料や接合条件によってこの化合物が硬く脆い組織になるためノウハウが必要です。

また、接合面同士の粗さや表面の酸化物の有無によっても接合強度が大きく変わります。良好な接合には、接合面をできるだけ平滑で酸化物のない新生面に仕上げておくことが重要です。

一方、間接法には、接着法やボルト締めやカシメなどのほか、溶接法も含まれます。接着法は、材料との化学結合性の高い有機系高分子材料を用いて接合し硬化させます。液状やゲル状のタイプのほか、塗ムラや液だれを予防できる粘接着フィルムのタイプもあります。

接着法の場合、固相接合とは反対に、材料表面に空孔や楔（くさび）状の凹凸等を持たせることで接着強度を増すアンカー効果が期待でき、接着剤との化学結合性が異なる材料同士を接合する方法として有効です。溶接法にはスポット溶接のような抵抗溶接や溶融材を用いるアーク溶接があります。高炭素鋼など比較的不向きな材料を溶接する場合は熟練の技術を要するため、検討段階でその材料の溶接性を確認しておくことが大事です。

要点BOX

- ●材質や使用条件等で適不適の見極めを
- ●金属の固相接合は面清浄度が重要
- ●接着法ではアンカー効果を重視

固相接合の例（FSW）

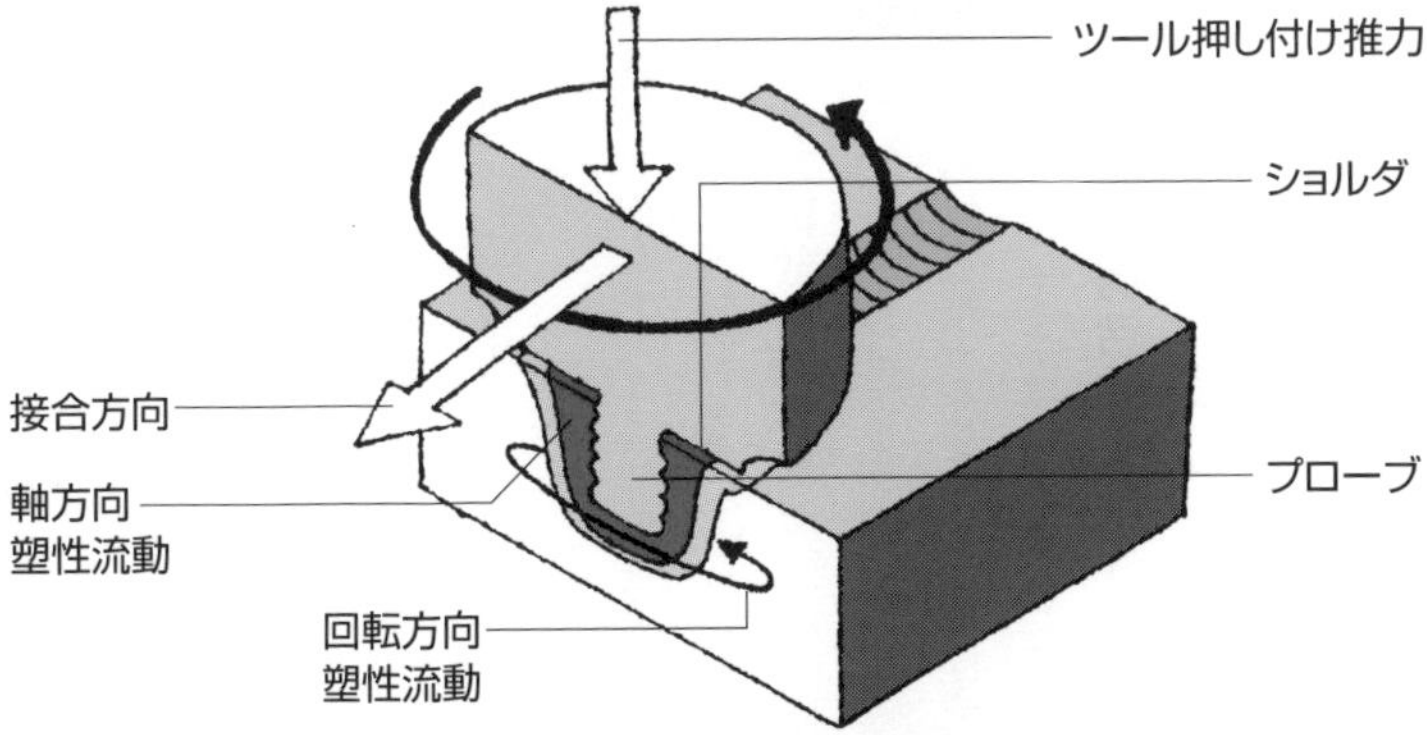

アンカー効果

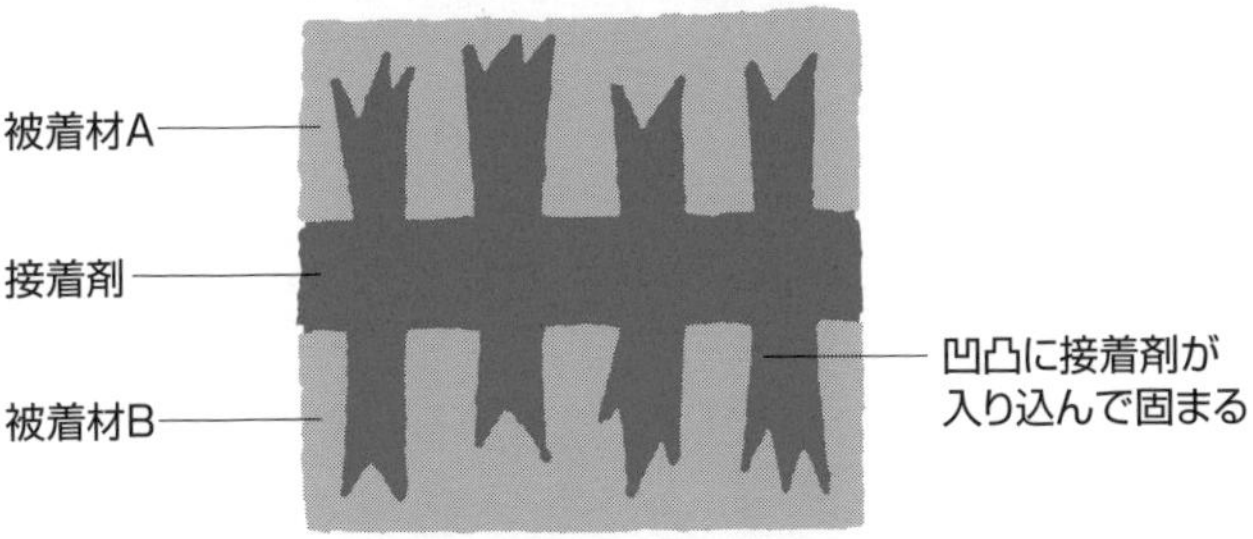

異種材料結合における直接法と間接法の比較

	直接法	間接法
接合法	拡散接合　摩擦圧接　常温圧接	接着法　溶接法　機械的な接合
特徴	材料境界面に両者が混ざり合った固相を形成させる	中間材の使用や材料に高い電圧や強い塑性加工を施す方法
メリット	材料同士をそのまま接合するため、異種材料同士でも一体化した強固な接合を実現可能	古くから用いられてきた手法で品質管理方法が確立しており、異種材料同士の結合も比較的容易
デメリット	固相の材料分散の品質管理が難しく脆い接合面になる恐れ 組み合わせ可能な材料が限られ、実用レベルの接合例はまだ少数	加工後は中間材やその周りの加工面の強度に依存する 加工による形状の大形化が生じる
実用例	炭素鋼×合金鋼 鉄鋼×非鉄金属	ゲル状や粘着性フィルムの接着剤 スポット溶接、アーク溶接 ボルト締め、カシメ

68 新素材

新たな機能・特徴を持つ新材料が生み出されている

科学技術の発展は留まることがなく、新技術の中には新材料の出現によるものも多くあります。ここでは特にナノ、分子レベルの技術が生み出した新材料を紹介します。

カーボンナノチューブは炭素原子が網目のように結びついて筒状の形状をした、直径数ナノメートルのものです。その特徴は、高電流密度耐性が銅の1000倍以上、熱伝導特性は銅の10倍、強さは鋼鉄の20倍と優れた特性を持ちます。半導体や燃料電池、バイオや宇宙エレベータのロープ素材など、今後の発展が望まれる箇所への活用の期待が高まっています。

多孔性配位高分子（PCP：Porous Coordination Polymer）、もしくは有機金属構造体（MOF：Metal-Organic Framework）は、PCP／MOFとも呼ばれる金属と有機化合物からなる多孔性の物質です。金属および有機配位子を選択することにより自由に細孔空間を設計でき、その組み合わせによってさまざまな機能を付与することができます。PCP／MOFの期待される機能は、①貯蔵②分離③変換などがあります。例えば、近年の水素を活用するシーンでの貯蔵技術や、地球温暖化の要因となる二酸化炭素を変換する技術への適用の研究が進んでいます。

金属ナノインクは、金属ナノ粒子を溶剤の中に分散させたインクで、インクジェット印刷により描画が可能な材料です。印刷後は乾燥、もしくは焼成処理を行うことで導通を得ることができます。良好な導電膜や回路をオンデマンドで形成できることから、プリンテッドエレクトロニクス分野で応用期待が高まっています。

そのほか、あらゆる研究機関で特徴的な機能を持つ材料が日々研究開発されています。実用レベルを確認しつつ、適切なタイミングで採用することで、従来の何倍もの性能を持つ製品を開発することが可能となります。

要点BOX
- ●ナノレベルの材料は新たな機能を有する
- ●実用レベルから採用タイミングの見極めが重要

カーボンナノチューブの期待領域

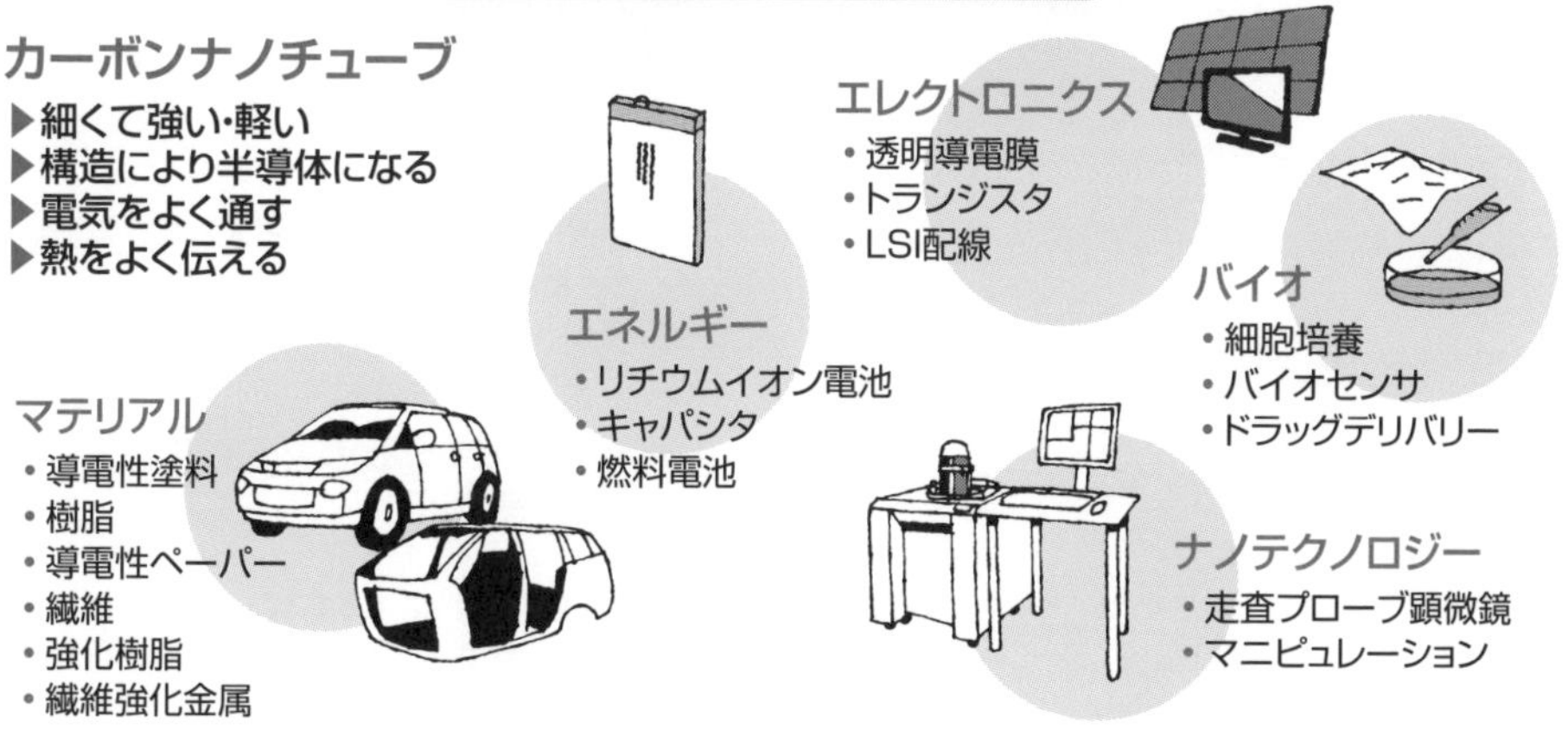

PCP／MOFの構造

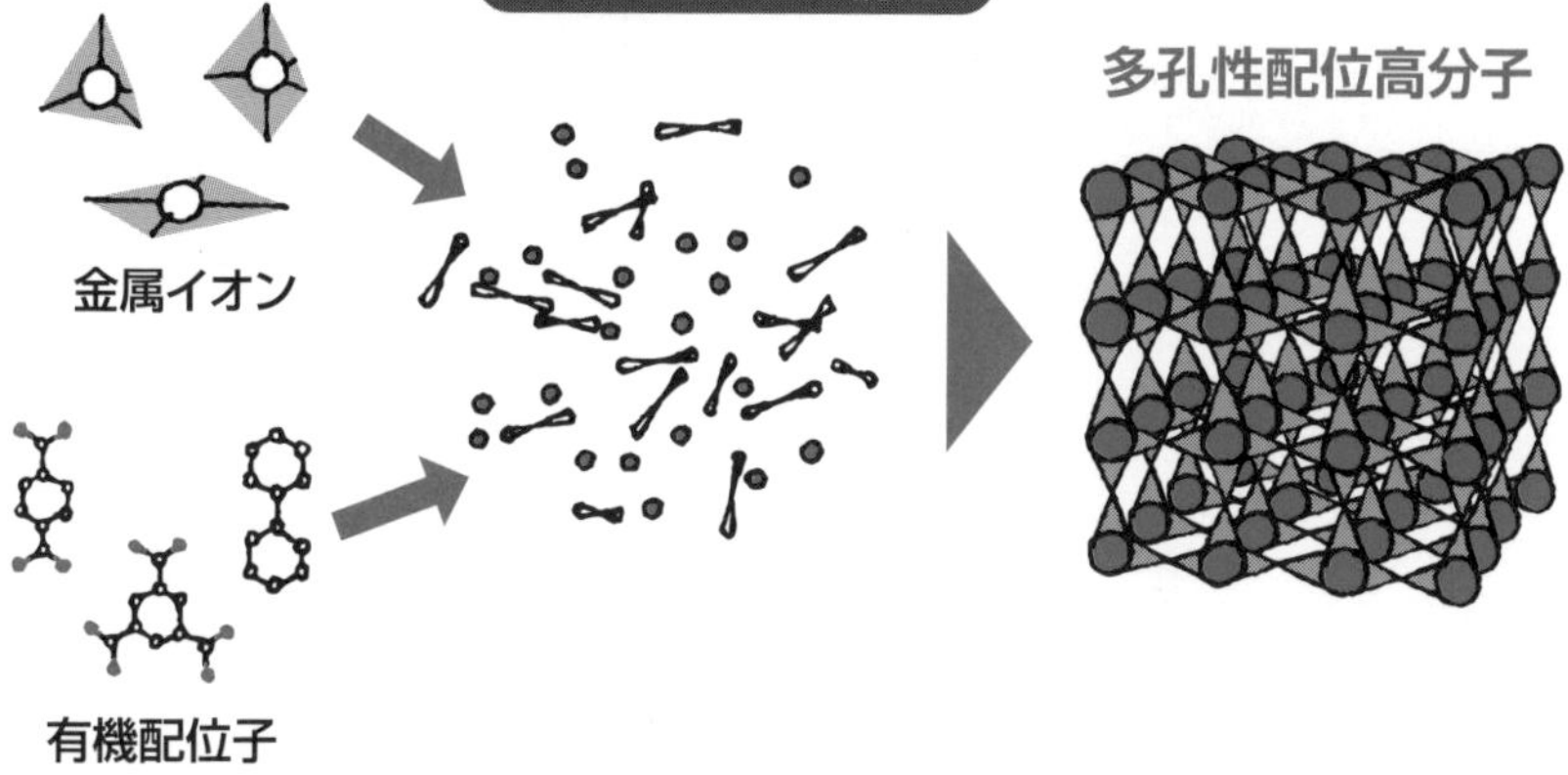

PCP／MOFの活用期待領域

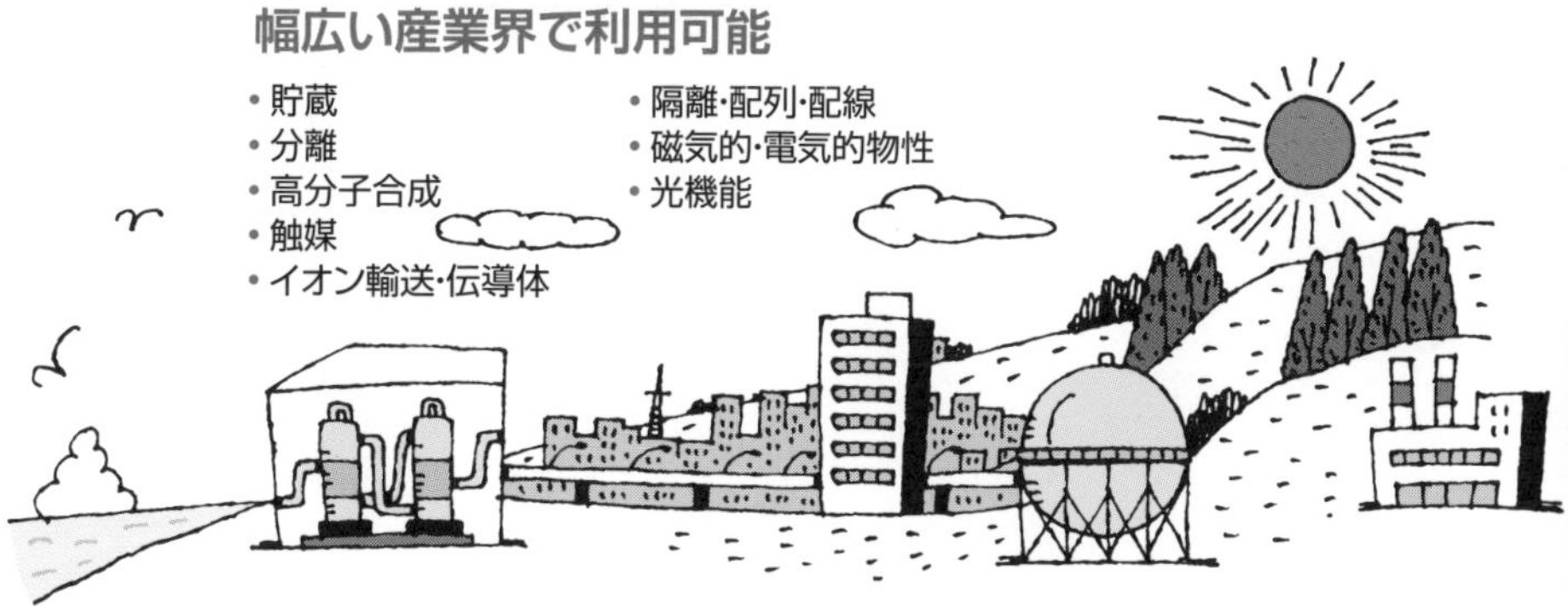

今日からモノ知りシリーズ
トコトンやさしい
機械材料の本 第2版

NDC 531.2

2015年11月20日　初版1刷発行
2020年 1月24日　初版2刷発行
2023年 5月25日　第2版1刷発行

編　著　Net-P.E.Jp
ⓒ著者　横田川 昌浩
　　　　江口 雅章
　　　　藤田 政利
発行者　井水 治博
発行所　日刊工業新聞社
　　　　東京都中央区日本橋小網町14-1
　　　　（郵便番号103-8548）
　　　　電話　書籍編集部　03（5644）7490
　　　　　　　販売・管理部　03（5644）7410
　　　　FAX　03（5644）7400
　　　　振替口座　00190-2-186076
　　　　URL　https://pub.nikkan.co.jp/
　　　　e-mail　info@media.nikkan.co.jp
印刷・製本　新日本印刷（株）

●DESIGN STAFF
AD————志岐滋行
表紙イラスト————黒崎　玄
本文イラスト————小島サエキチ
ブック・デザイン——矢野貴文
（志岐デザイン事務所）

●
落丁・乱丁本はお取り替えいたします。
2023 Printed in Japan
ISBN　978-4-526-08277-1　C3034

●著者略歴

横田川 昌浩（よこたがわ まさひろ）
技術士（機械部門）公益社団法人日本技術士会会員
メーカー勤務

江口 雅章（えぐち まさあき）
技術士（機械部門）公益社団法人日本技術士会会員
メーカー勤務

藤田 政利（ふじた まさとし）
技術士（機械部門／総合技術監理部門）
メーカー勤務

●『Net-P.E.Jp』による書籍
- 『トコトンやさしい機械設計の本』　日刊工業新聞社
- 『トコトンやさしいサーボ機構の本』　日刊工業新聞社
- 『技術士第二次試験「機械部門」完全対策＆キーワード100』　日刊工業新聞社
- 『技術士第二次「筆記試験」「口頭試験」＜準備・直前＞必携アドバイス』　日刊工業新聞社
- 『技術士第二次試験「合格ルート」ナビゲーション』　日刊工業新聞社
- 『技術士第一次試験「機械部門」専門科目過去問題　解答と解説』　日刊工業新聞社
- 『技術士第一次試験「基礎・適性」科目キーワード700』　日刊工業新聞社
- 『技術論文作成のための機械分野キーワード100　解説集－技術士試験対応』　日刊工業新聞社
- 『機械部門受験者のための　技術士第二次試験＜必須科目＞論文事例集』　日刊工業新聞社

●インターネット上の技術士・技術士補と、技術士を目指す受験者のネットワーク『Net-P.E.Jp』（Net Professional Engineer Japan）のサイト
https://netpejp.jimdofree.com/

●『トコトンやさしい機械材料』書籍サポートサイト
https://netpejp.jimdofree.com/ ネッペの書籍 /